工业设计专业
国家技能人才培养
工学一体化课程标准

人力资源社会保障部

中国劳动社会保障出版社

图书在版编目（CIP）数据

工业设计专业国家技能人才培养工学一体化课程标准 / 人力资源社会保障部编. -- 北京：中国劳动社会保障出版社，2023

ISBN 978-7-5167-6148-9

Ⅰ. ①工…　Ⅱ. ①人…　Ⅲ. ①工业设计－人才培养－技工学校－教学参考资料　Ⅳ. ①TB47

中国国家版本馆 CIP 数据核字（2023）第 220581 号

中国劳动社会保障出版社出版发行

（北京市惠新东街 1 号　邮政编码：100029）

*

北京市艺辉印刷有限公司印刷装订　　新华书店经销

787 毫米 ×1092 毫米　16 开本　7 印张　164 千字

2023 年 11 月第 1 版　　2023 年 11 月第 1 次印刷

定价：21.00 元

营销中心电话：400-606-6496

出版社网址：http://www.class.com.cn

http://jg.class.com.cn

版权专有　　侵权必究

如有印装差错，请与本社联系调换：（010）81211666

我社将与版权执法机关配合，大力打击盗印、销售和使用盗版图书活动，敬请广大读者协助举报，经查实将给予举报者奖励。

举报电话：（010）64954652

人力资源社会保障部办公厅关于印发31个专业国家技能人才培养工学一体化课程标准和课程设置方案的通知

人社厅函〔2023〕152号

各省、自治区、直辖市及新疆生产建设兵团人力资源社会保障厅（局）：

为贯彻落实《技工教育“十四五”规划》（人社部发〔2021〕86号）和《推进技工院校工学一体化技能人才培养模式实施方案》（人社部函〔2022〕20号），我部组织制定了31个专业国家技能人才培养工学一体化课程标准和课程设置方案（31个专业目录见附件），现予以印发。请根据国家技能人才培养工学一体化课程标准和课程设置方案，指导技工院校规范设置课程并组织实施教学，推动人才培养模式变革，进一步提升技能人才培养质量。

附件：31个专业目录

人力资源社会保障部办公厅

2023年11月13日

附件

31个专业目录

（按专业代码排序）

1. 机床切削加工（车工）专业
2. 数控加工（数控车工）专业
3. 数控机床装配与维修专业
4. 机械设备装配与自动控制专业
5. 模具制造专业
6. 焊接加工专业
7. 机电设备安装与维修专业
8. 机电一体化技术专业
9. 电气自动化设备安装与维修专业
10. 楼宇自动控制设备安装与维护专业
11. 工业机器人应用与维护专业
12. 电子技术应用专业
13. 电梯工程技术专业
14. 计算机网络应用专业
15. 计算机应用与维修专业
16. 汽车维修专业
17. 汽车钣金与涂装专业
18. 工程机械运用与维修专业
19. 现代物流专业
20. 城市轨道交通运输与管理专业
21. 新能源汽车检测与维修专业
22. 无人机应用技术专业
23. 烹饪（中式烹调）专业
24. 电子商务专业
25. 化工工艺专业
26. 建筑施工专业
27. 服装设计与制作专业
28. 食品加工与检验专业
29. 工业设计专业
30. 平面设计专业
31. 环境保护与检测专业

说　明

为贯彻落实《推进技工院校工学一体化技能人才培养模式实施方案》，促进技工院校教学质量提升，推动技工院校特色发展，依据《〈国家技能人才培养工学一体化课程标准〉开发技术规程》，人力资源社会保障部组织有关专家制定了《工业设计专业国家技能人才培养工学一体化课程标准》。

本课程标准的开发工作由人力资源社会保障部技工教育和职业培训教材工作委员会办公室、商贸流通类技工教育和职业培训教学指导委员会共同组织实施。具体开发单位有：组长单位深圳技师学院，参与单位（按照笔画排序）广州市工贸技师学院、广州市轻工技师学院、山东交通技师学院、北京市工业美术高级技工学校、江苏省常州技师学院、杭州萧山技师学院、重庆市机械高级技工学校（重庆机械技师学院）。主要开发人员有：王秀峰、张肖、杨勇、周可爱、伍平平、谢春茂、公茂金、伏兆鑫、刘金芳、刘智志、陈思婕、韩瑞生、方雪、郑正、王春梅等，其中王秀峰为主要执笔人。

本课程标准的评审专家有：浙江工商职业技术学院张春彬、四川交通职业技术学院江金洪、东北林业大学李博、贵州工业职业技术学院肖石霞、首钢工学院陈爽、郑州财经技师学院徐锡志、广州市职业技术教育研究院辜东莲、中国物流与采购联合会张晓梅、深圳市知行创新工业设计有限公司邹韬、深圳大学王方良。

在本课程标准的开发过程中，深圳技师学院徐伟雄作为技术指导专家提供了全程技术指导，中国人力资源和社会保障出版集团提供了技术支持并承担了编辑出版工作。此外，在本课程标准的试用过程中，技工院校一线教师、相关领域专家等提出了很好的意见建议，在此一并表示诚挚的谢意。

本课程标准业经人力资源社会保障部批准，自公布之日起执行。

目　录

一、专业信息

（一）专业名称

工业设计

（二）专业编码

工业设计专业中级：1407–4
工业设计专业高级：1407–3
工业设计专业预备技师（技师）：1407–2

（三）学习年限

工业设计专业中级：初中起点三年
工业设计专业高级：高中起点三年、初中起点五年
工业设计专业预备技师（技师）：高中起点四年、初中起点六年

（四）就业方向

中级技能层级：面向工业设计公司，时尚、玩具、家具、体育、钟表等创新性生产企业就业，适应工业设计师职业岗位群（如工业设计师助理、工业设计建模师、工业设计绘图员等）工作岗位要求，胜任时尚产品设计、餐具设计、文具设计、玩具设计、家具设计、体育用品设计、钟表设计等工作任务。

高级技能层级：面向工业设计公司，时尚、玩具、家具、体育、钟表、消费电子、通信、健康护理等创新性生产企业就业，适应工业设计师职业岗位群（如工业设计师、工业设计师助理、工业设计建模师、工业设计绘图员等）工作岗位要求，胜任时尚产品设计、餐具设计、文具设计、玩具设计、家具设计、体育用品设计、钟表设计、美妆产品设计、小家电设计、户外电子产品设计、通信产品设计、健康护理产品设计等工作任务。

预备技师（技师）层级：面向工业设计公司，时尚、玩具、家具、体育、钟表、消费电子、通信、健康护理及文创等创新性生产企业就业，适应工业设计师职业岗位群（如工业设计总监、工业设计主管、工业设计师等）工作岗位要求，胜任时尚产品设计、餐具设计、文具设计、玩具设计、家具设计、体育用品设计、钟表设计、美妆产品设计、小家电设计、户外电子产品设计、通信产品设计、健康护理产品设计、文创产品设计、产品识别设计、工业设计技术指导与培训等工作任务。

（五）职业资格 / 职业技能等级

工业设计专业中级：玩具设计员（国家职业资格四级）、助理玩具设计师（国家职业资格三级）

工业设计专业高级：玩具设计师（国家职业资格二级）

工业设计专业预备技师（技师）：高级玩具设计师（国家职业资格一级）

二、培养目标和要求

（一）培养目标

1. 总体目标

培养面向工业设计公司，时尚、玩具、家具、体育、钟表、消费电子、通信、健康护理及文创等创新性生产企业就业，适应工业设计师职业岗位群（如工业设计总监、工业设计主管、工业设计师、工业设计师助理、工业设计建模师、工业设计绘图员等）工作岗位要求，胜任时尚产品设计、餐具设计、文具设计、玩具设计、家具设计、体育用品设计、钟表设计、美妆产品设计、小家电设计、户外电子产品设计、通信产品设计、健康护理产品设计、文创产品设计、产品识别设计、工业设计技术指导与培训等工作任务，掌握本行业工业设计软件、计算机三维建模、计算机图形工作站最新技术标准及其发展趋势，具备团队合作、沟通交流、独立分析与解决问题等通用能力，创新意识、版权意识、审美意识、环保意识、时间管理、情绪与压力管理、“7S”管理、现场管理、信息检索、团队管理、统筹规划等职业素养，以及劳模精神、劳动精神、工匠精神等思政素养的技能人才。

2. 中级技能层级

培养面向工业设计公司，时尚、玩具、家具、体育、钟表等创新性生产企业就业，适应工业设计师职业岗位群（如工业设计师助理、工业设计建模师、工业设计绘图员等）工作岗位要求，胜任时尚产品设计、餐具设计、文具设计、玩具设计、家具设计、体育用品设计、钟表设计等工作任务，掌握本行业工业设计软件、计算机三维建模、计算机图形工作站最新技术标准及其发展趋势，具备团队合作、沟通交流、独立分析与解决问题等通用能力，创新意识、版权意识、审美意识、环保意识、时间管理、情绪与压力管理、“7S”管理、现场管理、信息检索、团队管理、统筹规划等职业素养，以及劳模精神、劳动精神、工匠精神等思政素养的技能人才。

3. 高级技能层级

培养面向工业设计公司，时尚、玩具、家具、体育、钟表、消费电子、通信、健康护理等创新性生产企业就业，适应工业设计师职业岗位群（如工业设计师、工业设计师助理、工业设计建模师、工业设计绘图员等）工作岗位要求，胜任时尚产品设计、餐具设计、文具设计、玩具设计、家具设计、体育用品设计、钟表设计、美妆产品设计、小家电设计、户外电子产品设计、通信产品设计、健康护理产品设计等工作任务，掌握本行业工业设计软件、计算机三维建模、计算机图形工作站最新技术标准及其发展趋势，具备团队合作、沟通交流、独立分析与解决问题等通用能力，创新意识、版权意识、审美意识、环保意识、时间管理、情绪与压力管理、“7S”管理、现场管理、信息检索、团队管理、统筹规划等职业素养，以及劳模精神、劳动精神、工匠精神等思政素养的技能人才。

4. 预备技师（技师）层级

培养面向工业设计公司，时尚、玩具、家具、体育、钟表、消费电子、通信、健康护理及文创等创新性生产企业就业，适应工业设计师职业岗位群（如工业设计总监、工业设计主管、工业设计师等）工作岗位要求，胜任时尚产品设计、餐具设计、文具设计、玩具设计、家具设计、体育用品设计、钟表设计、美妆产品设计、小家电设计、户外电子产品设计、通信产品设计、健康护理产品设计、文创产品设计、产品识别设计、工业设计技术指导与培训等工作任务，掌握本行业工业设计软件、计算机三维建模、计算机图形工作站最新技术标准及其发展趋势，具备团队合作、沟通交流、独立分析与解决问题等通用能力，创新意识、版权意识、审美意识、环保意识、时间管理、情绪与压力管理、“7S”管理、现场管理、信息检索、团队管理、统筹规划等职业素养，以及劳模精神、劳动精神、工匠精神等思政素养的技能人才。

（二）培养要求

工业设计专业技能人才培养要求见下表。

工业设计专业技能人才培养要求表

培养层级	典型工作任务	职业能力要求
中级技能	时尚产品设计	1. 能遵守公司管理制度，领取工作任务，明确工作内容、时间节点，制订个人工作计划； 2. 能与设计主管沟通，根据设计主管提供的分析方法和结果完成调研报告制作； 3. 能从产品的美观性、经济性、可实施性出发，完成草图设计、手绘效果图设计； 4. 能根据产品手绘效果图绘制制作模型用的产品三视图，并与设计输入要求进行核对确认，做到认真细致； 5. 能根据时尚产品的特点选择合适的工具和材料，按照设备安全操作规范完成模型制作，并验证设计方案； 6. 能在规定时间内完成任务，具备时间管理能力；能按照行业标准和公司规范交付设计成果，并进行资料和成果的分类、整理、归档工作，保证设计符合法律规定。
	餐具设计	1. 能根据工作任务书要求，查阅和解读 GB/T 15067.2—2016《不锈钢餐具》、GB/T 41001—2021《密胺塑料餐饮具》国家标准，明确工作内容和交付期限；

续表

培养层级	典型工作任务	职业能力要求
中级技能	餐具设计	2. 能根据餐具样品查阅相关资料，完成餐具设计分析调研报告，制订工作计划，确定工作方案； 3. 能根据客户需求，从产品的美观性、经济性、可实施性出发，按时完成创意设计方案的草图设计，并与设计主管沟通确定最优方案； 4. 能根据确定的设计方案进行餐具草图设计，并完成造型生动、结构清晰、材质合理的计算机三维效果图设计； 5. 能根据产品三维效果图绘制规范的工程图，并与设计输入要求进行核对确认，做到认真细致； 6. 能按照行业标准和公司规范管理设计工作，交付设计成果，并进行资料和成果的分类、整理、归档工作，保证设计符合法律规定。
	文具设计	1. 能根据工作任务书要求，查阅和解读 GB 21027—2020《学生用品的安全通用要求》国家标准，明确工作内容和交付期限； 2. 能根据设计主管提供的设计调研思路和设计分析方法开展设计分析与设计定位，制订合理的设计方案和工作计划，确保工作计划能顺利实施； 3. 能根据客户需求，从产品的美观性、经济性、可实施性出发进行必要的调研，完成调研报告制作，确保设计方案可行； 4. 能根据确定的设计方案绘制三维效果图，创建三维模型，完成造型生动、结构清晰、材质合理的三维效果图设计；能选择合适的工具和材料完成实物比例模型制作，确保草图美观、三维模型结构合理、三维效果图版式合理、实物模型逼真； 5. 能按照行业标准输出工程图和工艺文件，与结构工程师和原型制作工程师进行专业沟通，并根据反馈意见沟通改进方案，在规定的时间内制作完成设计提案并汇报展示，确保提案内容全面，汇报思路清晰； 6. 能按照行业标准和公司规范管理设计工作，交付设计成果，并进行资料和成果的分类、整理、归档工作，保证设计符合法律规定。
	玩具设计	1. 能根据工作任务书要求，查阅和解读 GB 6615—2003《玩具安全》国家标准，明确工作内容和交付期限； 2. 能根据设计主管提供的设计调研思路和设计分析方法开展设计分析与设计定位，制订合理的设计方案和工作计划，确保工作计划能顺利实施； 3. 能根据客户需求，从产品的人性化、经济性、创新性、环保性、可持续性出发进行必要的调研，完成调研报告制作，确保设计方案可行； 4. 能根据设计方案进行草图设计，创建三维模型，完成三维效果图设计；能选择合适的工具和材料完成实物比例模型制作，确保草图美观、三维模型结构合理、三维效果图版式合理、实物模型逼真；

续表

培养层级	典型工作任务	职业能力要求
中级技能	玩具设计	5. 能按照行业标准输出工程图和工艺文件，与结构工程师和原型制作工程师进行专业沟通，并根据反馈意见沟通改进方案，在规定的时间内制作完成设计提案并汇报展示，确保提案内容全面，汇报思路清晰； 6. 能按照行业标准和公司规范管理设计工作，交付设计成果，并进行资料和成果的分类、整理、归档工作，保证设计符合法律规定。
	家具设计	1. 能根据工作任务书要求，查阅和解读 GB/T 3326—2016《家具　桌、椅、凳类主要尺寸》、GB/T 32487—2016《塑料家具通用技术条件》、GB/T 3324—2017《木家具通用技术条件》、GB 28007—2011《儿童家具通用技术条件》等国家标准，明确工作内容和交付期限； 2. 能根据设计主管提供的设计调研思路和设计分析方法开展设计分析与设计定位，制订合理的设计方案和工作计划，确保工作计划能顺利实施； 3. 能根据客户需求，从产品的人性化、经济性、创新性、环保性、可持续性出发进行必要的调研，完成调研报告制作，确保设计方案可行； 4. 能根据设计方案进行草图设计，创建三维模型，完成三维效果图设计；能选择合适的工具和材料完成实物比例模型制作，确保草图美观、三维模型结构合理、三维效果图版式合理、实物模型逼真； 5. 能按照行业标准输出工程图和工艺文件，与家具制作师进行专业沟通，并根据反馈意见沟通改进方案，在规定的时间内制作完成设计提案并汇报展示，确保提案内容全面，汇报思路清晰； 6. 能按照行业标准和公司规范管理设计工作，交付设计成果，并进行资料和成果的分类、整理、归档工作，保证设计符合法律规定。
	体育用品设计	1. 能根据工作任务书要求合理制订个人工作计划，明确工作内容和交付期限； 2. 能根据体育用品样品查阅相关资料，完成体育用品设计分析报告制作，确保工作计划能顺利实施； 3. 能根据客户需求，从产品的美观性、经济性、可实施性出发，按时完成创意设计方案的草图设计，与设计主管沟通确定最优方案，并完成手绘效果图设计，注意知识产权，保证设计符合法律规定； 4. 能根据确定的设计方案建立三维模型，完成造型生动、结构清晰、材质合理的三维效果图设计； 5. 能根据产品三维模型输出制作规范的工程图，并与设计输入要求核对确认，做到认真细致； 6. 能选择合适的工具和材料完成体育用品模型制作，在规定时间内按照行业标准和工作页要求交付设计成果，并进行资料和成果的分类、整理、归档工作。

续表

培养层级	典型工作任务	职业能力要求
中级技能	钟表设计	1. 能根据工作任务书要求合理制订个人工作计划，明确工作内容和交付期限； 2. 能根据钟表样品查阅相关资料，完成钟表设计分析报告制作，确保工作计划能顺利实施； 3. 能根据客户需求，从产品的美观性、经济性、可实施性出发，按时完成创意设计方案的草图设计，与设计主管沟通确定最优方案，并完成手绘效果图设计，注意知识产权，保证设计符合法律规定； 4. 能根据确定的设计方案建立三维模型，完成造型生动、结构清晰、材质合理的三维效果图设计； 5. 能根据产品三维模型输出制作规范的工程图，并与设计输入要求核对确认，做到认真细致； 6. 能选择合适的工具和材料完成钟表模型制作，在规定时间内按照行业标准和工作页要求交付设计成果，并进行资料和成果的分类、整理、归档工作。
高级技能	美妆产品设计	1. 能根据工作任务书要求合理制订工作计划，明确工作内容和交付期限； 2. 能根据客户需求，从产品的人性化、经济性、创新性、环保性、可持续性出发，完成调研报告制作、手绘效果图方案表达，确定设计方向； 3. 能根据确定的设计方向熟练操作工业设计软件，建立包含基本结构特征的三维模型，推敲设计细节，完成三维效果图及版式设计，与客户沟通后根据反馈意见改进设计方案； 4. 能选择合适的工具和材料完成实物比例模型制作，验证设计方案； 5. 能按照行业标准输出工程图和工艺文件，在规定的时间内制作完成设计提案并汇报展示； 6. 能按照行业标准和公司规范管理设计工作，交付设计成果，并进行资料和成果的分类、整理、归档工作，保证设计符合法律规定。
	小家电设计	1. 能根据工作任务书要求，查阅和解读 GB/T 35455—2017《家用和类似用途电器工业设计评价规则》国家标准，明确工作内容和交付期限； 2. 能根据设计主管提供的设计调研思路和设计分析方法开展设计分析与设计定位，制订合理的设计方案和工作计划，确保工作计划能顺利实施； 3. 能根据客户需求，从产品的人性化、经济性、创新性、环保性、可持续性出发进行必要的调研，完成调研报告制作，确保设计方案可行； 4. 能根据设计方案进行草图设计，创建三维模型，完成三维效果图设计；能选择合适的工具和材料完成实物比例模型制作，确保草图美观、三维模型结构合理、三维效果图版式合理、实物模型逼真；

续表

培养层级	典型工作任务	职业能力要求
高级技能	小家电设计	5. 能按照行业标准输出工程图和工艺文件，与结构工程师和原型制作工程师进行专业沟通，并根据反馈意见沟通改进方案，在规定的时间内制作完成设计提案并汇报展示，确保提案内容全面，汇报思路清晰； 6. 能按照行业标准和公司规范管理设计工作，交付设计成果，并进行资料和成果的分类、整理、归档工作，保证设计符合法律规定。
	户外电子产品设计	1. 能根据工作任务书要求合理制订工作计划，明确工作内容和交付期限； 2. 能根据客户需求，从产品的人性化、经济性、创新性、环保性、可持续性出发，完成调研报告制作、手绘效果图方案表达，确定设计方向； 3. 能根据确定的设计方向熟练操作工业设计软件，建立包含基本结构特征的三维模型，推敲设计细节，完成三维效果图及版式设计，与客户沟通后根据反馈意见改进设计方案； 4. 能选择合适的工具和材料完成实物比例模型制作，验证设计方案； 5. 能按照行业标准输出工程图和工艺文件，在规定的时间内制作完成设计提案并汇报展示； 6. 能按照行业标准和公司规范管理设计工作，交付设计成果，并进行资料和成果的分类、整理、归档工作，保证设计符合法律规定。
	通信产品设计	1. 能根据工作任务书要求合理制订工作计划，明确工作内容和交付期限； 2. 能根据客户需求，从产品的人性化、经济性、创新性、环保性、可持续性出发，完成调研报告制作、手绘效果图方案表达，确定设计方向； 3. 能根据确定的设计方向熟练操作工业设计软件，建立包含基本结构特征的三维模型，推敲设计细节，完成三维效果图及版式设计，与客户沟通后根据反馈意见改进设计方案； 4. 能选择合适的工具和材料完成实物比例模型制作，验证设计方案； 5. 能按照行业标准输出工程图和工艺文件，在规定的时间内制作完成设计提案并汇报展示； 6. 能按照行业标准和公司规范管理设计工作，交付设计成果，并进行资料和成果的分类、整理、归档工作，保证设计符合法律规定。
	健康护理产品设计	1. 能根据工作任务书要求合理制订工作计划，明确工作内容和交付期限； 2. 能根据客户需求，从产品的人性化、经济性、创新性、环保性、可持续性出发，完成调研报告制作、手绘效果图方案表达，确定设计方向； 3. 能根据确定的设计方向熟练操作工业设计软件，建立包含基本结构特征的三维模型，推敲设计细节，完成三维效果图及版式设计，与客户沟通后根据反馈意见改进设计方案； 4. 能选择合适的工具和材料完成实物比例模型制作，验证设计方案；

续表

培养层级	典型工作任务	职业能力要求
高级技能	健康护理产品设计	5. 能按照行业标准输出工程图和工艺文件，在规定的时间内制作完成设计提案并汇报展示； 6. 能按照行业标准和公司规范管理设计工作，交付设计成果，并进行资料和成果的分类、整理、归档工作，保证设计符合法律规定。
预备技师（技师）	文创产品设计	1. 能根据工作任务书要求合理制订工作计划，明确工作内容和交付期限； 2. 能根据客户需求，从产品的人性化、系统性、通用性、社会效益、经济效益出发，完成调研报告制作，具备较强的审美水平、文化底蕴、系统思维，掌握文创版权规范要求； 3. 能深度发掘提炼文化创意符号、造型、纹饰、色彩与功能，确定设计方向，完成手绘效果图表达； 4. 能熟练建立三维模型，推敲设计细节并完成三维效果图及版式设计，与客户沟通完成设计方案； 5. 能统筹、协调设计资源，按照行业标准输出工程图和工艺文件； 6. 能制作包含调研报告、效果图、工程图、动画演示等内容的完整设计提案，并组织汇报展示，清晰准确地传达设计理念，推动设计定案； 7. 能把控项目进程和时间节点，组织完成设计任务，具备较强的项目管理能力、统筹设计资源能力；能按照行业标准严格管理设计工作，进行资料和成果的分类、整理、归档工作，并能进行总结反思、持续改进。
	产品识别设计	1. 能准确理解设计需求，明确交付进度和要求，并对团队协作进行有效的组织和管理； 2. 能根据客户需求，从产品的人性化、系统性、通用性、环保性出发开展方案设计，方案兼顾经济效益和社会效益； 3. 能完成具备“家族”感及美感的系列化产品识别设计方案，并延展应用于新产品设计，形成具备统一特征的系列化产品平台； 4. 能归纳设计语言，制定平台产品识别设计规范，建立企业产品识别系统； 5. 能运用产品识别设计原则和方法，完成其他领域的系列新产品设计； 6. 能运用产品识别设计技能，准确把握新领域、新产品设计趋势，制定指导性较强的设计策略，探索新产品的设计方向； 7. 能对产品识别设计方案进行专业表述，获取客户意见并进行方案优化，按规范流程完成输出和交付，具备良好的沟通表达能力。
	工业设计技术指导与培训	1. 能依据培训对象的人数规模、能力基础、岗位能力要求等任务信息确认培训任务单，与培训主管进行专业沟通，确定培训内容、培训目标，了解培训时间、测评方式、培训方案与总结交付要求等；

续表

培养层级	典型工作任务	职业能力要求
预备技师（技师）	工业设计技术指导与培训	2. 能从人性化、系统性、通用性、环保性、创新性、社会效益、经济效益出发，采用思维导图法梳理培训思路，确定培训内容和测评方法，制订详细的培训计划； 3. 能撰写培训方案，制作培训课件，做好培训资料的准备，及时与培训主管沟通确定培训内容与流程； 4. 能根据培训方案，依据技术要求，采取现场讲解、操作示范和个别指导等方式确保学员掌握理论知识和实操技能； 5. 能根据培训方案的测评要求，对学员的理论知识和实操技能进行评估，及时点评，通过满意度调查表等形式对培训效果进行评价，收集反馈意见，分析培训效果并不断提升； 6. 能根据培训工作的时间和交付要求，编写培训总结报告，对培训对象测评成绩和培训项目总结报告文件进行命名、存储，在规定时间内交付，确保交付内容完整、格式正确。

三、培养模式

（一）培养体制

应依据职业教育有关法律法规和校企合作、产教融合相关政策要求，按照技能人才成长规律，紧扣本专业技能人才培养目标，结合学校办学实际情况，成立专业建设指导委员会。通过整合校企双方优质资源，制定校企合作管理办法，签订校企合作协议，推进校企共创培养模式、共同招生招工、共商专业建设、共议课程开发、共组师资队伍、共建实训基地、共搭管理平台、共评培养质量的“八个共同”，实现本专业高素质技能人才有效培养。

（二）运行机制

1. 中级技能层级

中级技能层级宜采用“学校为主、企业为辅”校企合作运行机制。

校企双方根据工业设计专业中级技能人才特征，建立适应中级技能层级的运行机制。一是结合中级技能工学一体化课程以执行定向任务为主的特点，研讨校企协同育人方法路径，共同制定和采用“学校为主、企业为辅”的培养方案，共创培养模式；二是发挥各自优势，按照人才培养目标要求，以初中生源为主，制订招生招工计划，通过开设企业订单班等措施，共同招生招工；三是对接本领域行业协会和标杆企业，紧跟本产业发展趋势、技术更新和生产方式变革，紧扣企业岗位能力最新要求，以学校为主推进专业优化调整，共商专业规划；四是围绕就业导向和职业特征，结合本地本校办学条件和学情，推进本专业工学一体化课程标准校本转化，进行学习任务二次设计、教学资源开发，共议课程开发；五是发挥学校教师专业教学能力和企业技术人员工作实践能力各自优势，通过推进教师开展企业工作实践，聘用企业技术人员开展实践教学等方式，以学校教师为主、企业兼职教师为辅，共组师资队伍；六是基于学校一体化学习工作站和校内实训基地的建设，规划建设集校园文化与企业文化、学习过程与工作过程为一体的校内外学习环境，共建实训基地；七是基于一体化学习工作站、校内实训基地等学习环境，参照企业管理规范，突出企业在职业认知、企业文化、就业指导等职业素养养成层面的作用，共搭管理平台；八是根据本层级人才培养目标、国家职业标准和企业用人要求，制定评价标准，对学生职业能力、职业素养和职业技能等级实施评价，共评培养质量。

基于上述运行机制，校企双方共同推进本专业中级技能人才综合职业能力培养，并在培养目标、培养过程、培养评价中实施学生相应通用能力、职业素养和思政素养的培养。

2. 高级技能层级

高级技能层级宜采用“校企双元、人才共育”校企合作运行机制。

校企双方根据工业设计专业高级技能人才特征，建立适应高级技能层级的运行机制。一是结合高级技能工学一体化课程以解决系统性问题为主的特点，研讨校企协同育人方法路径，共同制定和采用“校企双方、人才共育”的培养方案，共创培养模式；二是发挥各自优势，按照人才培养目标要求，以初中、高中、中职生源为主，制订招生招工计划，通过开设校企双制班、企业订单班等措施，共同招生招工；三是对接本领域行业协会和标杆企业，紧跟本产业发展趋势、技术更新和生产方式变革，紧扣企业岗位能力最新要求，合力制定专业建设方案，推进专业优化调整，共商专业规划；四是围绕就业导向和职业特征，结合本地本校办学条件和学情，推进本专业工学一体化课程标准的校本转化，进行学习任务二次设计、教学资源开发，共议课程开发；五是发挥学校教师专业教学能力和企业技术人员工作实践能力各自优势，通过推进教师开展企业工作实践，聘请企业技术人员为兼职教师等方式，涵盖学校专业教师和企业兼职教师，共组师资队伍；六是以一体化学习工作站和校内外实训基地为基础，共同规划建设兼具实践教学功能和生产服务功能的大师工作室，集校园文化与企业文化、学习过程与工作过程为一体的校内外学习环境，创建产教深度融合的产业学院等，共建实训基地；七是基于一体化学习工作站、校内外实训基地等学习环境，参照企业管理机制，组建校企管理队伍，明确校企双方责任权利，推进人才培养全过程校企协同管理，共搭管理平台；八是根据本层级人才培养目标、国家职业标准和企业用人要求共同构建人才培养质量评价体系，共同制定评价标准，共同实施学生职业能力、职业素养和职业技能等级评价，共评培养质量。

基于上述运行机制，校企双方共同推进本专业高级技能人才综合职业能力培养，并在培养目标、培养过程、培养评价中实施学生相应通用能力、职业素养和思政素养的培养。

3. 预备技师（技师）层级

预备技师（技师）层级宜采用“企业为主、学校为辅”校企合作运行机制。

校企双方根据工业设计专业预备技师（技师）人才特征，建立适应预备技师（技师）层级的运行机制。一是结合预备技师（技师）层级工学一体化课程以分析解决开放性问题为主的特点，研讨校企协同育人方法路径，共同制定和采用“企业为主，学校为辅”的培养方案，共创培养模式；二是发挥各自优势，按照人才培养目标要求，以初中、高中、中职生源为主，制订招生招工计划，通过开设校企双制班、企业订单班等措施，共同招生招工；三是对接本领域行业协会和标杆企业，紧跟本产业发展趋势、技术更新和生产方式变革，紧扣企业岗位能力最新要求，以企业为主，共同制定专业建设方案，共同推进专业优化调整，共商专业规划；四是围绕就业导向和职业特征，结合本地本校办学条件和学情，推进本专业工学一体化课程标准的校本转化，进行学习任务二次设计、教学资源开发，并根据岗位能力要求和工作过程推进企业培训课程开发，共议课程开发；五是发挥学校教师专业教学能力和企业技术人员专业实践能力各自优势，推进教师开展企业工作实践，通过聘用等方式，涵盖学校专业教师、企业培训师、实践专家、企业技术人员，共组师资队伍；六是以校外实训基地、校内生产性实训基地、产业学院等为主要学习环境，以完成企业真实工作任务为学习载体，以地方品牌企业实践场所为工作环境，共建实训基地；七是基于校内外实训基地等学习环境，学校参照企业管理机制，企业参照学校教学管理机制，组建校企管理队伍，明确校企双方责任权利，推进人才培养全过程校企协同管理，共搭管理平台；八是根据本层级人才培养目标、国家职业标准和企业用人要求共同构建人才培养质量评价体系，共同制定评价标准，共同实施学生综合职业能力、职业素养和职业技能等级评价，共评培养质量。

基于上述运行机制，校企双方共同推进本专业预备技师（技师）技能人才综合职业能力培养，并在培养目标、培养过程、培养评价中实施学生相应通用能力、职业素养和思政素养的培养。

四、课程安排

使用单位应根据人力资源社会保障部颁布的《工业设计专业国家技能人才培养工学一体化课程设置方案》开设本专业课程。本课程安排只列出工学一体化课程及建议学时，使用单位可依据院校学习年限和教学安排确定具体学时分配。

（一）中级技能层级工学一体化课程表（初中起点三年）

序号	课程名称	基准学时	学时分配					
			第1学期	第2学期	第3学期	第4学期	第5学期	第6学期
1	时尚产品设计	150				150		
2	餐具设计	150				150		
3	文具设计	150				150		
4	玩具设计	150					150	
5	家具设计	150					150	
6	体育用品设计	150					150	
7	钟表设计	150					150	
总学时		1 050				450	600	实习

（二）高级技能层级工学一体化课程表（高中起点三年）

序号	课程名称	基准学时	学时分配					
			第1学期	第2学期	第3学期	第4学期	第5学期	第6学期
1	时尚产品设计	150			150			
2	餐具设计	120			120			
3	文具设计	120			120			
4	玩具设计	180			180			
5	家具设计	180				180		
6	体育用品设计	150				150		
7	钟表设计	120				120		
8	美妆产品设计	150					150	
9	小家电设计	120					120	
10	户外电子产品设计	90					90	
11	通信产品设计	120					120	
12	健康护理产品设计	120					120	
总学时		1 620			570	450	600	实习

（三）高级技能层级工学一体化课程表（初中起点五年）

序号	课程名称	基准学时	学时分配									
			第 1 学期	第 2 学期	第 3 学期	第 4 学期	第 5 学期	第 6 学期	第 7 学期	第 8 学期	第 9 学期	第 10 学期
1	时尚产品设计	150		150								
2	餐具设计	200			200							
3	文具设计	150				150						
4	玩具设计	200				200						
5	家具设计	200					200					
6	体育用品设计	200					200					
7	钟表设计	150					150					
8	美妆产品设计	200							200			
9	小家电设计	200								200		
10	户外电子产品设计	200								200		
11	通信产品设计	200									200	
12	健康护理产品设计	200									200	
总学时		2 250		150	200	350	550	实习	200	400	400	实习

（四）预备技师（技师）层级工学一体化课程表（高中起点四年）

序号	课程名称	基准学时	学时分配							
			第 1 学期	第 2 学期	第 3 学期	第 4 学期	第 5 学期	第 6 学期	第 7 学期	第 8 学期
1	时尚产品设计	150		150						
2	餐具设计	120			120					
3	文具设计	120			120					
4	玩具设计	180				180				
5	家具设计	180				180				
6	体育用品设计	150					150			
7	钟表设计	120					120			
8	美妆产品设计	150						150		
9	小家电设计	120						120		
10	户外电子产品设计	90						90		

续表

序号	课程名称	基准学时	学时分配							
			第1学期	第2学期	第3学期	第4学期	第5学期	第6学期	第7学期	第8学期
11	通信产品设计	120							120	
12	健康护理产品设计	120							120	
13	文创产品设计	90							90	
14	产品识别设计	90							90	
15	工业设计技术指导与培训	90							90	
总学时		1 890		150	240	360	270	360	510	实习

（五）预备技师（技师）层级工学一体化课程表（初中起点六年）

序号	课程名称	基准学时	学时分配											
			第1学期	第2学期	第3学期	第4学期	第5学期	第6学期	第7学期	第8学期	第9学期	第10学期	第11学期	第12学期
1	时尚产品设计	150	150											
2	餐具设计	200		200										
3	文具设计	150			150									
4	玩具设计	200				200								
5	家具设计	200				200								
6	体育用品设计	200					200							
7	钟表设计	150					150							
8	美妆产品设计	200							200					
9	小家电设计	200								200				
10	户外电子产品设计	200									200			
11	通信产品设计	200										200		
12	健康护理产品设计	200										200		
13	文创产品设计	180											180	
14	产品识别设计	180											180	
15	工业设计技术指导与培训	180											180	
总学时		2 790	150	200	150	400	350		200	200	200	400	540	实习

五、课程标准

（一）时尚产品设计课程标准

<table>
<tr><td>工学一体化课程名称</td><td>时尚产品设计</td><td>基准学时</td><td>150[①]</td></tr>
<tr><td colspan="4">典型工作任务描述</td></tr>
<tr><td colspan="4">时尚产品设计是工业设计师常见的工作任务之一。在本任务中，工业设计师主要负责时尚产品调研报告制作、草图设计、手绘效果图设计、产品三视图绘制、模型制作、完稿导出与归档及成果交付等工作。
工业设计师从设计主管处领取工作任务后，明确工作时间和设计要求。通过独立或合作的方式，在设计主管指导下，根据客户需求分析完成调研报告。从产品的美观性、经济性、可实施性出发，完成草图和手绘效果图设计。根据产品效果图完成产品三视图绘制。根据产品效果图、三视图完成产品模型制作。每个阶段完成后均需与设计主管沟通，根据反馈意见进行修改，按时交付最终设计成果并对设计资料进行分类、整理和归档。
工业设计师在完成工作的过程中，需要遵守国家专利法、著作权法、合同法等相关法律法规，防止违法、违规、侵权等行为。同时应遵循文件制作、输出等设计要求及文件存储方式、资料存档等公司工作规范。</td></tr>
<tr><td colspan="4">工作内容分析</td></tr>
<tr><td>工作对象：
1. 领取工作任务，制订个人工作计划；
2. 制作设计调研报告；
3. 草图设计、手绘效果图设计；
4. 产品三视图的绘制；
5. 时尚产品模型的制作；
6. 完稿的导出和整理归档，设计成果的交付。</td><td colspan="2">工具、材料、设备与资料：
1. 工具：铅笔、针管笔、马克笔、橡皮、刮刀、砂纸、锉刀等；
2. 材料：绘图纸、打印纸、卡纸、丙烯颜料、皮革、缝纫线、铜片等；
3. 设备：计算机，WPS 办公软件，适合饰品制作、小型皮具制作、产品手绘的工作台；
4. 资料：工作页、工作任务书、工作计划表、参考书、优秀作品范例、素材网站范例。
工作方法：
资料查阅法、归类整理法、观察法、递推法等。
劳动组织方式：
工业设计师（或团队）从设计主管处领取工作任务，与设计主管进行沟通，明确工作时间和设计要求，以独立或团队合作的方式完成时尚产品设计，交设计主管审核并修改。</td><td>工作要求：
1. 遵守公司管理制度，安装调试工业设计软件，明确工作内容、时间节点并制作甘特图；
2. 与设计主管沟通，根据客户需求分析完成调研报告；
3. 从美观性、经济性、可实施性出发，完成草图设计、手绘效果图设计。创意过程中需遵守知识产权相关法律，保证设计符合法律规定；
4. 根据客户确认的产品手绘效果图绘制产品三视图；
5. 根据效果图选择合适的工具和材料，按照安全操作规范完成时尚产品模型制作；
6. 遵守合同法相关法律法规，在规定时间内完成任务，具备时间管理能力；按照行业标准和公司规范交付设计成果，并进行资料和成果的分类、整理、归档工作。</td></tr>
</table>

① 此基准学时为初中生源学时，下同。

续表

课程目标
学习完本课程后，学生应能胜任常见的徽章设计、饰品设计、皮具设计等工作任务。 1. 能认真遵守公司管理制度，领取工作任务，明确工作内容、时间节点，制订个人工作计划； 2. 能与设计主管沟通，根据设计主管提供的分析方法和结果完成调研报告制作； 3. 能从产品的美观性、经济性、可实施性出发，完成草图和手绘效果图设计； 4. 能根据产品手绘效果图绘制制作模型用的产品三视图，并与设计输入要求进行核对确认； 5. 能根据时尚产品的特点选择合适的工具和材料，按照设备安全操作规范完成模型制作，并验证设计方案； 6. 能在规定时间内完成任务，具备时间管理能力；能按照行业标准和公司规范交付设计成果，并进行资料和成果的分类、整理、归档工作，保证设计符合法律规定。
学习内容
本课程主要学习内容包括： 1. 领取工作任务，制订个人工作计划 实践知识：专利法、著作权法、合同法与公司管理制度，时尚产品品牌与设计趋势查阅与解读，与设计主管的沟通，个人工作计划的制订。 理论知识：项目的计划，WPS 办公软件的操作。 2. 调研报告制作 实践知识：甘特图的制作，时尚产品资料的收集，时尚产品调研报告的制作。 理论知识：时尚产品的分类、品牌、风格、设计趋势。 3. 草图和手绘效果图设计 实践知识：根据调研报告，通过产品透视原理完成多款构思性草图和手绘效果图设计；根据确定的草图绘制产品的结构线框；使用彩色铅笔表现产品的色彩、明暗关系。 理论知识：一点透视原理，产品配色原理。 4. 产品三视图的绘制 实践知识：根据手绘效果图绘制主视图，正确标注主视图的尺寸。 理论知识：产品的正投影画法。 5. 时尚产品模型的制作 实践知识：纸板的加工制作，皮具的加工制作，金属饰品的加工制作。 理论知识：纸板、铜片、皮革材料特性及手工模型制作工艺。 6. 完稿的导出和整理归档，设计成果的交付 实践知识：专利法、著作权法、合同法与公司管理制度的解读，时尚产品调研报告、草图、手绘效果图、三视图、模型质量的检查。 理论知识：工作要求和行业标准成果交付要求。 7. 通用能力、职业素养、思政素养 理解与表达、交往与合作、自我管理、自主学习、解决问题、时间意识、环保意识、版权意识、审美意识、创新思维、爱岗敬业、专注严谨、精益求精的工匠精神等。

续表

参考性学习任务			
序号	名称	学习任务描述	参考学时
1	徽章设计	某礼品公司将为某城市开发一款形象徽章，要求符合该城市形象主题、造型新颖，可作为各种赛会和展会活动的礼品、纪念品使用。 学生从教师处领取工作任务后，明确设计要求、制订工作计划，独立或以小组形式开展工作。在教师指导下查阅城市的相关资料，从美观性、可实施性出发，完成调研报告制作、草图设计、手绘效果图设计、产品三视图设计，使用卡纸完成徽章模型制作，并提交教师审核。每个阶段均需与教师进行沟通，根据教师反馈意见进行修改，将最终成品交教师验收，并完成工作任务总结报告。 在工作过程中，操作者必须严格执行安全操作规程、企业质量体系管理制度、“7S”管理制度等企业管理规定。工作完成后，对文件归档整理，维护工作设备，保持工作场所整洁有序，并注意版权及授权范围，保证设计符合国家法律规定。	50
2	饰品设计	某时尚产品品牌拟为年轻女性设计一款几何形状外观、镂空花卉造型的吊坠饰品，要求采用铜片、白银、珍珠切割成型，第一层采用白银加珍珠制作镂空花卉图案，第二层采用铜片制作几何形状外观，并使用扣具拼接两层。 学生从教师处领取工作任务后，明确设计要求、制订工作计划，独立或以小组形式开展工作。根据教师提供的素材，从美观性、经济性、可实施性出发，完成调研报告制作、草图设计、手绘效果图设计、产品三视图设计、饰品模型制作。每个阶段均需与教师进行沟通，根据审核意见进行修改，将最终成品交教师验收，并完成工作任务总结报告。 在工作过程中，操作者必须严格执行安全操作规程、企业质量体系管理制度、“7S”管理制度等企业管理规定。工作完成后，对文件归档整理，维护工作设备，保持工作场所整洁有序，并注意版权及授权范围，保证设计符合国家法律规定。	50
3	皮具设计	某皮具品牌拟为年轻女性开发一款多种背挎方式的小型皮包，材料为牛皮，皮包以手提方式为主，斜背、侧背、双肩背等方式为辅。 学生从教师处领取工作任务后，明确设计要求、制订工作计划，独立或以小组形式开展工作。根据教师提供的设计素材，从美观性、经济性、可实施性出发，完成调研报告制作、草图设计、手绘效果图设计、产品三视图设计、皮具模型制作。每个阶段均需与教师进	50

续表

3	皮具设计	行沟通，根据审核意见进行修改，将最终成品交教师验收，并完成工作任务总结报告。 在工作过程中，操作者必须严格执行安全操作规程、企业质量体系管理制度、“7S”管理制度等企业管理规定。工作完成后，对文件归档整理，维护工作设备，保持工作场所整洁有序，并注意版权及授权范围，保证设计符合国家法律规定。	

教学实施建议

1. 师资要求

教师须具备徽章、饰品、皮具产品设计经验，了解企业设计流程，采用行动导向的教学方法，并具备本课程一体化课程教学设计与实施、一体化课程教学资源选择与应用等能力。

2. 教学组织方式方法建议

为确保教学安全，提高教学效果，建议采用集中教学、分别辅导的形式；在完成工作任务的过程中，教师须加强示范与指导，注重学生职业素养和规范操作的培养。

3. 教学资源配备建议

（1）教学场地

学习工作站须具备良好的安全、照明和通风条件，可分为集中教学区、方案讨论区、成果展示区，并配置相应的文件服务器和多媒体教学系统等设备设施，面积以至少同时容纳 35 人开展教学活动为宜。

（2）工具、材料、设备

以个人为单位配备手工工作台、彩色打印机、读卡器、铅笔、针管笔、马克笔、橡皮、绘图纸、打印纸、黑卡纸等，以小组为单位配备 3D 打印机、铜片、皮革、砂纸、锉刀、丙烯颜料等。

（3）教学资料

以工作页为主，配备工作任务书、工作计划表、教材、参考书、优秀作品范例、素材网站范例等教学资料。

4. 教学管理制度

执行工学一体化教学场所的管理规定，如需要进行校外认识实习和岗位实践，应严格遵守生产性实训基地、企业实习实践等管理制度。

教学考核要求

本课程考核采用过程性考核和终结性考核相结合的方式，课程考核成绩 = 过程性考核成绩 ×60%+ 终结性考核成绩 ×40%。

1. 过程性考核（60%）

过程性考核成绩由 3 个参考性学习任务考核成绩构成。其中，徽章设计的考核成绩占比为 30%，饰品设计的考核成绩占比为 30%，皮具设计的考核成绩占比为 40%。

上述参考性学习任务的考核应以其学习目标为依据确定考核要点，设计考核项目。考核项目可分为技能考核类、学习成果类和通用能力观察类等类别，通过细化其评分细则，分别从专业能力、通用能力等维度对学生学习情况进行考核。

续表

（1）技能考核类考核项目可包括产品资料的调研报告制作、方案草图设计、手绘效果图设计、产品三视图绘制、模型制作、完稿导出与归档及成果交付等关键操作技能和心智技能。

（2）学习成果类考核项目涉及各学习环节产出的学习成果，可运用调研报告、方案草图、手绘效果图、产品三视图、实物模型等多种形式。

（3）通用能力观察类考核项目可包括理解与表达、交往与合作、自我管理、自主学习、解决问题、时间意识、环保意识、版权意识、审美意识、创新思维、爱岗敬业、专注严谨、精益求精的工匠精神等学生学习过程中表现出来的通用能力、职业素养和思政素养。

2. 终结性考核（40%）

终结性考核应围绕本课程目标，结合课程终结性考核要点，选择企业真实工作任务或设计学习任务进行考核。

考核任务案例："国潮"主题胸针、吊坠、手包设计

【情境描述】

某时装公司准备参加"国潮"主题时装周，现需为时装周设计一款胸针，为参加活动的模特设计走秀用的吊坠与手包各一款，并构成一个系列。

【任务要求】

根据情境描述，在规定时间内完成以下任务：

（1）制订个人工作计划；

（2）根据客户需求进行信息收集与分析，制作胸针、吊坠、手包设计分析报告；

（3）完成一份 A3 横版纸质手绘效果图设计，含标题、设计分析、草图设计、产品效果图设计；

（4）完成产品三视图设计、产品使用情境和设计说明；

（5）选用合适的工具和材料进行实物模型制作。

在工作过程中，操作者必须严格执行安全操作规程、企业质量体系管理制度、"7S"管理制度等企业管理规定。工作完成后，对文件归档整理，维护工作设备，保持工作场所整洁有序，并注意版权及授权范围，保证设计符合国家法律规定。

【参考资料】

完成上述任务时，可以使用所有常见教学资料，如专业教材、参考书、演示视频、优秀作品范例、素材网站范例等。

（建议：终结性考核成果需要进行橱窗展览、多媒体展示，组织邀请相关专业教师对课程内容及完成情况做出综合评价与改进建议。）

（二）餐具设计课程标准

一体化课程名称	餐具设计	基准学时	150
典型工作任务描述			
餐具设计是工业设计师常见的工作任务之一。在本任务中，工业设计师主要负责餐具的草图设计、三维效果图设计、工程图以及工艺文件输出、设计提案制作等工作。			

续表

<table>
<tr><td colspan="3">工业设计师从设计主管处领取工作任务后，明确工作时间和设计要求。按照设计主管提供的设计调研思路和设计分析方法，独立或合作开展设计分析与设计定位，制订合理的工作计划和设计方案。从产品的美观性、经济性、可实施性出发进行必要的调研，完成调研报告制作，确定设计方案。根据设计方案进行草图设计，完成三维效果图设计，选择合适的工具和材料完成实物比例模型制作。输出可与结构工程师对接的工程图，输出可与原型制作工程师对接的工艺文件，制作并提交完整的设计提案文件，并根据反馈意见进行修改。按时交付最终设计成果并对设计资料进行分类、整理和归档。
工业设计师在完成工作的过程中，需要遵守国家专利法、著作权法、合同法、GB/T 15067.2—2016《不锈钢餐具》、GB/T 41001—2021《密胺塑料餐饮具》等相关法律法规和国家标准，防止违法、违规、侵权等行为。同时应遵循文件制作、输出等设计要求及文件存储方式、资料存档等公司工作规范。</td></tr>
<tr><td colspan="3">工作内容分析</td></tr>
<tr><td>工作对象：
1. 工作任务要求的明确；
2. 工作计划和设计方案的制订；
3. 调研报告的制作与设计方案的确定；
4. 草图、手绘效果图、三维效果图的设计；
5. 工程图设计、产品模型制作；
6. 设计成果交付。</td><td>工具、材料、设备与资料：
工具：铅笔、针管笔、马克笔、橡皮、刮刀、勾线笔、油画笔；
材料：绘图纸、打印纸、卡纸、丙烯颜料、油泥；
设备：计算机图形工作站、工业设计软件（Illustrator、CorelDRAW）、WPS办公软件；
资料：餐具样品、工作页、工作任务书、工作计划表、参考书、优秀作品范例、素材网站范例。
工作方法：
资料查阅法、归类整理法、观察法、递推法等。
劳动组织方式：
工业设计师（或团队）从设计主管处领取工作任务，与设计主管进行沟通，明确工作时间和设计要求，以独立或团队合作的方式完成餐具设计，交设计主管审核并修改。</td><td>工作要求：
1. 认真阅读工作任务书，并根据工作任务书要求合理制订个人工作计划，明确时间节点与工作难点；
2. 根据设计主管提供的设计调研思路和设计分析方法开展设计分析与设计定位，制订工作计划和合理的设计方案，确保工作计划能顺利实施；
3. 根据客户需求，从产品的美观性、经济性、可实施性、创新性、环保性、可持续性出发，进行必要的调研，完成调研报告制作，确保设计方案可行；
4. 根据设计方案进行草图设计，完成手绘效果图设计；根据手绘效果图设计，使用计算机进行三维效果绘制与表达，完成餐具产品的三维效果图设计；
5. 按照行业标准输出工程图和工艺文件，与结构工程师和原型制作工程师进行专业沟通，并根据反馈意见沟通改进方案，在规定的时间内制作完成设计提案并汇报展示，确保提案内容全面，汇报思路清晰；
6. 按照行业标准和公司规范管理设计工作，并进行资料和成果的分类、整理、归档工作，保证设计符合法律规定。</td></tr>
</table>

续表

课程目标
学习完本课程后，学生应能胜任常见的餐具设计工作，包括儿童餐具设计、户外餐具设计和无障碍餐具设计等。遵守国家专利法、著作权法、合同法、GB/T 15067.2—2016《不锈钢餐具》、GB/T 41001—2021《密胺塑料餐饮具》等相关法律法规和国家标准，遵循文件制作、输出等设计要求及文件存储方式、资料存档等公司工作规范。 1. 能根据工作任务书要求，查阅和解读 GB/T 15067.2—2016《不锈钢餐具》、GB/T 41001—2021《密胺塑料餐饮具》国家标准，明确工作内容和交付期限，具备自主学习能力； 2. 能根据餐具样品查阅相关资料，完成餐具设计分析调研报告，制订工作计划，确定工作方案； 3. 能根据客户需求，从产品的美观性、经济性、可实施性出发，按时完成创意设计方案的草图设计，并与设计主管沟通确定最优方案，注意知识产权，保证设计符合法律规定； 4. 能根据确定的设计方案进行餐具草图设计，绘制手绘效果图，并完成造型生动、结构清晰、材质合理的计算机三维效果图设计； 5. 能根据产品三维效果图绘制规范的工程图，并与设计输入要求核对确认，做到认真细致； 6. 能按照行业标准和公司规范管理设计工作，交付设计成果，并进行资料和成果的分类、整理、归档工作，保证设计符合法律规定，具备版权意识。
学习内容
本课程主要学习内容包括： 1. 工作任务要求的明确 实践知识：GB/T 15067.2—2016《不锈钢餐具》、GB/T 41001—2021《密胺塑料餐饮具》国家标准的查阅与解读，产品调研报告的撰写。 理论知识：甘特图法，餐具产品历史、分类、品牌与设计趋势。 2. 工作计划与设计方案的制订 实践知识：餐具产品设计分析与设计定位，工作计划的编写。 理论知识：思维导图法，常见餐具产品的基本构造、功能、工艺。 3. 调研报告的制作与设计方案的确定 实践知识：GB/T 15067.2—2016《不锈钢餐具》、GB/T 41001—2021《密胺塑料餐饮具》国家标准的查阅与解读，餐具产品资料的收集和分析，餐具产品调研报告的编写。 理论知识：归类整理法，调研报告体例格式。 4. 草图、手绘效果图、三维效果图的设计 实践知识：餐具产品塑料材质、造型细节、基本结构的手绘，彩色铅笔和马克笔表现产品的色彩、明暗、细节，餐具草图、手绘效果图、三维效果图的绘制。 理论知识：两点透视原理（成角透视原理），塑料材质的绘制原理，较为复杂形体的爆炸解析图绘制原理，练习法，手绘效果图、三维效果图的作用，3D 打印制作流程及工艺。

续表

5. 工程图设计、产品模型的制作

实践知识：工程图绘制工具准备，油泥模型制作工具准备，工程图的制作与标注，产品油泥模型的制作。

理论知识：实践法，产品的正投影、投影面原理，工程制图原理，油泥模型制作的基本工艺知识。

6. 设计成果的交付

实践知识：合同法、产品质量法、标准化法、商标法等相关法律法规的内容解读，餐具产品调研报告、草图、手绘效果图、三维效果图、工程图、实物模型、设计提案内容质量和数量的整理与核对。

理论知识：技术资料及项目资料命名规则，资料存档要求，工作任务记录填写要求，项目资料审核要求，多媒体幻灯片制作流程，设计提案制作技巧。

7. 通用能力、职业素养、思政素养

理解与表达、交往与合作、自我管理、自主学习、解决问题、时间意识、环保意识、版权意识、审美意识、创新思维、爱岗敬业、专注严谨、精益求精的工匠精神等。

参考性学习任务

序号	名称	学习任务描述	参考学时
1	儿童餐具设计	某儿童用品公司需要开发一套儿童餐具，包括餐刀、餐叉、餐匙，主要材料为不锈钢，握把处为 ABS 塑料。最终输出产品三维效果图和产品工程图，并使用油泥材料完成 1∶1 模型制作。方案数量为三款。 学生从教师处领取工作任务后，根据工作任务书要求制订个人工作计划，独立或以小组形式开展工作。根据教师提供的儿童餐具样品收集相关素材，完成设计分析报告，并在教师指导下，从产品的美观性、经济性、可实施性出发，完成草图设计，确定设计方案。与教师沟通后完成手绘效果图、三维效果图和工程图的设计制作，交教师审核，根据审核意见进行修改，并将最终成品交教师验收。必要时可通过油泥制作等方式完成实物模型制作。 在工作过程中，操作者必须严格执行安全操作规程、企业质量体系管理制度、“7S” 管理制度等企业管理规定。工作完成后，对文件归档整理，维护工作设备，保持工作场所整洁有序，并注意版权及授权范围，保证设计符合国家法律规定。	50
2	户外餐具设计	某户外产品企业计划开发一套户外餐具，包括餐匙、餐叉、筷子和收纳容器，使用长度为 150 ~ 200 mm，折叠收纳长度不大于 110 mm。最终输出产品三维效果图和产品工程图，并使用油泥材料完成 1∶1 模型制作。方案数量为三款。 学生从教师处领取工作任务后，根据工作任务书要求制订个人工作计划，独立或以小组形式开展工作。根据教师提供的户外餐具样品收集相关素材，完成设计分析报告，并在教师指导下，从产品的美观性、经济性、可实施性出发，完成草图设计，确定设计方案。与教师沟通后完成手绘效果图、三维效果图和工程图的设计制作，交教师审核，根据审	50

续表

2	户外餐具设计	核意见进行修改，并将最终成品交付教师验收。必要时可通过油泥制作等方式完成实物模型制作。 在工作过程中，操作者必须严格执行安全操作规程、企业质量体系管理制度、“7S”管理制度等企业管理规定。工作完成后，对文件归档整理，维护工作设备，保持工作场所整洁有序，并注意版权及授权范围，保证设计符合国家法律规定。	
3	无障碍餐具设计	某餐具企业计划为患有帕金森病的老人开发一款防抖餐勺，要求勺身总长 250 mm、手柄长 125 mm、宽 40 mm，造型和功能需考虑老年人的年龄特征。最终输出产品三维效果图和产品工程图，并使用油泥材料完成 1∶1 模型制作。方案数量为一款。 学生从教师处领取工作任务后，根据工作任务书要求制订个人工作计划，独立或以小组形式开展工作。根据教师提供的无障碍餐具样品收集相关素材，完成设计分析报告，并在教师指导下，从产品的美观性、经济性、可实施性出发，完成草图设计，确定设计方案。与教师沟通后完成手绘效果图、三维效果图和工程图的设计制作，交教师审核，根据审核意见进行修改，并将最终成品交教师验收。必要时可通过油泥制作等方式完成实物模型制作。 在工作过程中，操作者必须严格执行安全操作规程、企业质量体系管理制度、“7S”管理制度等企业管理规定。工作完成后，对文件归档整理，维护工作设备，保持工作场所整洁有序，并注意版权及授权范围，保证设计符合国家法律规定。	50

教学实施建议

1. 师资要求

教师须具备儿童餐具、户外餐具、无障碍餐具产品设计经验，了解企业设计流程，并具备一体化课程教学设计与实施、一体化课程教学资源选择与应用等能力。

2. 教学组织方式方法建议

采用行动导向的教学方法。为确保教学安全，合理使用实训设施设备，提高学习效果，建议采用班级授课教学、分组实践的形式（4～6 人 / 组），同时培养学生理解与表达、交往与合作、自我管理、自主学习、解决问题等通用能力。在完成工作任务的过程中，教师须加强示范与指导，注重学生时间意识、环保意识、版权意识、审美意识、创新思维等职业素养，爱岗敬业、专注严谨、精益求精的工匠精神等思政素养的培养。

有条件的地区，可通过引企入校或建立校外实训基地等方式，为学生提供真实的工作环境，由企业导师和专业教师协同教学。

3. 教学资源配备建议

（1）教学场地

学习工作站须具备良好的安全、照明和通风条件，可分为集中教学区、方案讨论区、成果展示区，并配置相应的文件服务器和多媒体教学系统等设备设施，面积以至少同时容纳 35 人开展教学活动为宜。

（2）工具、材料、设备

以个人为单位配备手工工作台、彩色打印机、读卡器、铅笔、针管笔、马克笔、橡皮、绘图纸、打印纸、卡纸、ABS 板等，以小组为单位配备勾刀、油泥、油泥工具、铁丝、丙烯颜料、丙烯画笔等。

（3）教学资料

以工作页为主，配备餐具样品、工作任务书、工作计划表、教材、参考书、优秀作品范例、素材网站范例等教学资料。

4. 教学管理制度

执行工学一体化教学场所的管理规定，如需要进行校外认识实习和岗位实践，应严格遵守生产性实训基地、企业实习实践等管理制度。

教学考核要求

本课程考核采用过程性考核和终结性考核相结合的方式，课程考核成绩 = 过程性考核成绩 ×60%+ 终结性考核成绩 ×40%。

1. 过程性考核（60%）

过程性考核成绩由 3 个参考性学习任务考核成绩构成。其中，儿童餐具设计的考核成绩占比为 30%，户外餐具设计的考核成绩占比为 30%，无障碍餐具设计的考核成绩占比为 40%。

上述参考性学习任务的考核应以其学习目标为依据确定考核要点，设计考核项目。考核项目可分为技能考核类、学习成果类和通用能力观察类等类别，通过细化其评分细则，分别从专业能力、通用能力等维度对学生学习情况进行考核。

（1）技能考核类考核项目可包括产品资料的收集和分析、设计方案的确定、三维模型的创建、渲染场景的搭建、实物模型的制作、设计提案的展示汇报等关键操作技能和心智技能。

（2）学习成果类考核项目涉及各学习环节产出的学习成果，可运用调研报告、手绘效果图、三维效果图、工程图和工艺文件、实物模型和设计提案等多种形式。

（3）通用能力观察类考核项目可包括理解与表达、交往与合作、自我管理、自主学习、解决问题、时间意识、环保意识、版权意识、审美意识、创新思维、爱岗敬业、专注严谨、精益求精的工匠精神等学生学习过程中表现出来的通用能力、职业素养和思政素养。

2. 终结性考核（40%）

终结性考核应围绕本课程目标，结合课程终结性考核要点，选择企业真实工作任务或设计学习任务进行考核。

考核任务案例："新中式"主题餐具设计

【情境描述】

某餐具企业拟为中国家庭设计开发一套"新中式"主题餐具，需包含筷子、筷托、碟、碗、餐盘等餐具。

【任务要求】

根据情境描述，在规定的时间内完成以下任务：

续表

（1）正确解读设计任务书，查阅相关资料，与教师沟通明确设计要求以及需要提交的成果； （2）收集客户需求，基于调研报告及与教师沟通所了解的情况，制作“新中式”主题餐具设计分析报告； （3）按照情境描述的情况，完成一份 A3 横版纸质手绘效果图设计，含标题、设计分析、产品效果图和设计说明； （4）根据手绘效果图方案完成一份 A3 横版 JPG 格式三维效果图设计，含标题、产品效果图和设计说明，并将设计分析报告、手绘效果图和三维效果图整理成一份设计提案； （5）选用合适的工具和材料进行实物模型制作； （6）组织展示汇报设计成果，做好工作现场的清理和整顿。 在工作过程中，操作者必须严格执行安全操作规程、企业质量体系管理制度、“7S”管理制度等企业管理规定。工作完成后，对文件归档整理，维护工作设备，保持工作场所整洁有序，并注意版权及授权范围，保证设计符合国家法律规定。 【参考资料】 完成上述任务时，可以使用所有常见教学资料，如专业教材、参考书、演示视频、优秀作品范例、素材网站范例等。 （建议：终结性考核成果需要进行橱窗展览、多媒体展示，组织邀请相关专业教师对课程内容及完成情况做出综合评价与改进建议。）

（三）文具设计课程标准

一体化课程名称	文具设计	基准学时	150
典型工作任务描述			
文具设计是工业设计师常见的工作任务之一。本任务中工业设计师主要负责文具的草图设计、三维效果图设计、工程图以及工艺文件输出、设计提案制作等工作。 工业设计师从设计主管处领取工作任务后，明确工作时间和设计要求。按照设计主管提供的设计调研思路和设计分析方法，独立或合作开展设计分析与设计定位，制订合理的工作计划和设计方案。从产品的人性化、经济性、创新性、环保性、可持续性出发进行必要的调研，完成调研报告制作，确定设计方案。根据设计方案进行手绘效果图、三维效果图和工程图的设计制作，选择合适的工具和材料完成实物比例模型制作。输出可与结构工程师对接的工程图，输出可与原型制作工程师对接的工艺文件，制作并提交完整的设计提案文件，并根据反馈意见进行修改。按时交付最终设计成果并对设计资料进行分类、整理和归档。 设计师在完成工作的过程中，需要遵守专利法、著作权法、合同法、GB 21027—2020《学生用品的安全通用要求》等相关法律法规和国家标准，防止违法、违规、侵权等行为。同时应遵循文件制作、输出等设计要求及文件存储方式、资料存档等公司工作规范。			

续表

工作内容分析		
工作对象： 1. 设计需求等信息的获取，工作任务要求的明确，个人工作计划的制订； 2. 设计分析报告的制作； 3. 草图的绘制，方案的确定； 4. 手绘效果图的绘制，三维效果图的设计； 5. 产品工程图的绘制，模型的制作； 6. 美观性、经济性、可实施性等目标的达成。	**工具、材料、设备与资料：** 工具：铅笔、针管笔、马克笔、橡皮、刮刀、砂纸、锉刀、油画笔； 材料：绘图纸、打印纸、卡纸、丙烯颜料； 设备：计算机图形工作站、工业设计软件（Rhino、Creo、KeyShot、Photoshop、Illustrator、CorelDRAW）、WPS 办公软件、3D 打印机、读卡器； 资料：文具样品、工作页、工作任务书、工作计划表、参考书、优秀作品范例、素材网站范例。 **工作方法：** 资料查阅法、归类整理法、观察法、递推法等。 **劳动组织方式：** 工业设计师（或团队）从设计主管处领取工作任务，与设计主管进行沟通，明确工作时间和设计要求，以独立或团队合作的方式完成文具设计，交设计主管审核并修改。	**工作要求：** 1. 认真阅读工作任务书，并根据工作任务书要求合理制订个人工作计划，明确时间节点与工作难点； 2. 根据客户提供的样品查阅相关资料，完成文具设计分析报告； 3. 与客户沟通，从产品的美观性、经济性、可实施性出发，按时完成草图设计，由客户确定最优方案，注意知识产权，保证设计符合法律规定； 4. 根据客户确定的设计方案绘制手绘效果图，并建立三维模型，完成造型生动、结构清晰、材质合理的三维效果图设计； 5. 根据产品三维模型输出制作规范的工程图，选择合适的工具和材料，按照安全操作规范完成文具模型制作； 6. 在规定时间内按照行业标准和工作页要求交付设计成果，并进行资料和成果的分类、整理、归档工作。

课程目标
学习完本课程后，学生应能胜任常见的文具设计工作，包括文具盒设计、阅读支架设计和阅读灯设计。 1. 能根据工作任务书要求，查阅和解读 GB 21027—2020《学生用品的安全通用要求》，明确工作内容和交付期限； 2. 能根据设计主管提供的设计调研思路和设计分析方法开展设计分析与设计定位，制订合理的设计方案和工作计划，确保工作计划能顺利实施； 3. 能根据客户需求，从产品的美观性、经济性、可实施性出发进行必要的调研，完成调研报告制作，确定设计方案可行； 4. 能根据确定的设计方案绘制三维效果图，创建三维模型，完成造型生动、结构清晰、材质合理的三维效果图设计；能选择合适的工具和材料完成实物比例模型制作，确保草图美观、三维模型结构合理、三维效果图版式合理、实物模型逼真； 5. 能按照行业标准输出工程图和工艺文件，与结构工程师和原型制作工程师进行专业沟通，并根据反馈意见沟通改进方案，在规定的时间内制作完成设计提案并汇报展示，确保提案内容全面，汇报思路清晰；

续表

6. 能按照行业标准和公司规范管理设计工作，交付设计成果，并进行资料和成果的分类、整理、归档工作，保证设计符合法律规定。

学习内容

本课程主要学习内容包括：

1. 工作任务要求的明确

实践知识：GB 21027—2020《学生用品的安全通用要求》国家标准的查阅和解读。

理论知识：文具产品历史、分类、品牌与设计趋势。

2. 工作计划与设计方案的制订

实践知识：文具产品设计分析与设计定位，工作计划的编写。

理论知识：思维导图法，常见文具产品的基本构造、功能、工艺。

3. 调研报告的制作与设计方案的确定

实践知识：文具产品资料的收集和分析，文具产品调研报告的编写。

理论知识：归类整理法，调研报告体例格式。

4. 三维建模、办公渲染场景搭建、三维效果图设计

实践知识：文具产品塑料材质、造型细节、基本结构的手绘，彩色铅笔和马克笔表现产品的色彩、明暗、细节，计算机进行三维建模、办公渲染场景，文具产品的三维效果图设计。

理论知识：练习法，三点透视原理（广角透视原理），塑料材质的绘制原理，较为复杂形体的爆炸解析图绘制原理，手绘效果图、三维效果图的作用，3D 打印制作流程及工艺。

5. 工程图设计、产品模型的制作

实践知识：工程图绘制工具准备，油泥模型制作工具准备，工程图的制作与标注，产品油泥模型的制作。

理论知识：实践法，产品的正投影、投影面原理，工程制图原理，油泥模型制作的基本工艺知识。

6. 设计成果的交付

实践知识：合同法、标准化法、商标法等相关法律法规的内容解读，文具产品调研报告、草图、手绘效果图、三维效果图、工程图、实物模型、设计提案内容质量和数量的整理与核对。

理论知识：技术资料及项目资料命名规则，资料存档要求，工作任务记录填写要求，项目资料审核要求，多媒体幻灯片制作流程，设计提案制作技巧。

7. 通用能力、职业素养、思政素养

理解与表达、交往与合作、自我管理、自主学习、解决问题、时间意识、环保意识、版权意识、审美意识、创新思维、爱岗敬业、专注严谨、精益求精的工匠精神等。

参考性学习任务

序号	名称	学习任务描述	参考学时
1	文具盒设计	某文具企业计划开发一款多用途文具盒，包含多个文具收纳空间，尺寸为 250 mm × 90 mm × 30 mm，最终输出 3D 打印文档并通过 3D 打印机完成 1 : 1 模型制作。方案数量为一款。 学生从教师处领取工作任务后，根据工作任务书要求制订个人	50

续表

1	文具盒设计	工作计划，独立或以小组形式开展工作。根据教师提供的文具盒样品收集相关素材，完成设计分析报告，并在教师指导下，从产品的美观性、经济性出发，完成草图设计，确定设计方案。与教师沟通后完成手绘效果图、三维效果图和工程图的设计制作，交教师审核，根据审核意见进行修改，并将最终成品交教师验收。必要时可通过 3D 打印等方式完成实物模型制作。 在工作过程中，操作者必须严格执行安全操作规程、企业质量体系管理制度、“7S”管理制度等企业管理规定。工作完成后，对文件归档整理，维护工作设备，保持工作场所整洁有序，并注意版权及授权范围，保证设计符合国家法律规定。	
2	阅读支架设计	某文具企业需要开发一款阅读支架，用于阅读书籍时调整不同的阅读角度和阅读高度，以缓解颈椎疲劳，并可实现单手翻书。要求折叠后尺寸不大于 350 mm × 250 mm × 30 mm，最终输出 3D 打印文档并通过 3D 打印机完成 1∶1 模型制作。方案数量为一款。 学生从教师处领取工作任务后，根据工作任务书要求制订个人工作计划，独立或以小组形式开展工作。根据教师提供的阅读支架样品收集相关素材，完成设计分析报告，并在教师指导下，从产品的经济性、可实施性出发，完成草图设计，确定设计方案。与教师沟通后完成手绘效果图、三维效果图和工程图的设计制作，交教师审核，根据审核意见进行修改，并将最终成品交教师验收。必要时可通过 3D 打印等方式完成实物模型制作。 在工作过程中，操作者必须严格执行安全操作规程、企业质量体系管理制度、“7S”管理制度等企业管理规定。工作完成后，对文件归档整理，维护工作设备，保持工作场所整洁有序，并注意版权及授权范围，保证设计符合国家法律规定。	50
3	阅读灯设计	某灯具企业计划开发一款专为中小学生学习使用的护眼阅读灯。外观尺寸在 300 mm × 300 mm × 300 mm 范围内。主体结构由底座、支架、灯头三部分构成，照明灯珠由矩阵护眼 LED 构成。最终输出 3D 打印文档并通过 3D 打印机完成 1∶1 模型制作。方案数量为一款。 学生从教师处领取工作任务后，根据工作任务书要求制订个人工作计划，独立或以小组形式开展工作。根据教师提供的阅读灯样品收集相关素材，完成设计分析报告，并在教师指导下，从产品的美观性、经济性、可实施性出发，完成草图设计，确定设计方案。与教师沟通后完成手绘效果图、三维效果图和工程图的设	50

续表

3	阅读灯设计	计制作，交教师审核，根据审核意见进行修改，并将最终成品交教师验收。必要时可通过 3D 打印等方式完成实物模型制作。 在工作过程中，操作者必须严格执行安全操作规程、企业质量体系管理制度、“7S” 管理制度等企业管理规定。工作完成后，对文件归档整理，维护工作设备，保持工作场所整洁有序，并注意版权及授权范围，保证设计符合国家法律规定。	

教学实施建议

1. 师资要求

教师须具备文具盒、阅读支架、阅读灯产品设计经验，了解企业设计流程，采用行动导向的教学方法，并具备本课程一体化课程教学设计与实施、一体化课程教学资源选择与应用等能力。

2. 教学组织方式方法建议

为确保教学安全，提高教学效果，建议采用班级授课教学、分组实践的形式（4 ~ 6 人 / 组）；在完成工作任务的过程中，教师须加强示范与指导，注重学生职业素养和规范操作的培养。

3. 教学资源配备建议

（1）教学场地

学习工作站须具备良好的安全、照明和通风条件，可分为集中教学区、方案讨论区、成果展示区；并配置相应的文件服务器和多媒体教学系统等设备设施，面积以至少同时容纳 35 人开展教学活动为宜。

（2）工具、材料、设备

以个人为单位配备手工工作台、彩色打印机、读卡器、铅笔、针管笔、马克笔、橡皮、绘图纸、打印纸、卡纸、ABS 板等，以小组为单位配备 3D 打印机、ABS 勾刀、油泥、铁丝、丙烯颜料、丙烯画笔等。

（3）教学资料

以工作页为主，配备文具样品、工作任务书、工作计划表、教材、参考书、优秀作品范例、素材网站范例等教学资料。

4. 教学管理制度

执行工学一体化教学场所的管理规定，如需要进行校外认识实习和岗位实践，应严格遵守生产性实训基地、企业实习实践等管理制度。

教学考核要求

本课程考核采用过程性考核和终结性考核相结合的方式，课程考核成绩 = 过程性考核成绩 ×60%+ 终结性考核成绩 ×40%。

1. 过程性考核（60%）

过程性考核成绩由 3 个参考性学习任务考核成绩构成。其中，文具盒设计的考核成绩占比为 30%，阅读支架设计的考核成绩占比为 30%，阅读灯设计的考核成绩占比为 40%。

上述参考性学习任务的考核应以其学习目标为依据确定考核要点，设计考核项目。考核项目可分为技能考核类、学习成果类和通用能力观察类等类别，通过细化其评分细则，分别从专业能力、通用能力等维度对学生学习情况进行考核。

（1）技能考核类考核项目可包括产品资料的收集和分析、设计方案的确定、三维模型的创建、渲染场景的搭建、实物模型的制作、设计提案的展示汇报等关键操作技能和心智技能。

（2）学习成果类考核项目涉及各学习环节产出的学习成果，可运用调研报告、手绘效果图、三维效果图、工程图和工艺文件、实物模型和设计提案等多种形式。

（3）通用能力观察类考核项目可包括理解与表达、交往与合作、自我管理、自主学习、解决问题、时间意识、环保意识、版权意识、审美意识、创新思维、爱岗敬业、专注严谨、精益求精的工匠精神等学生学习过程中表现出来的通用能力、职业素养和思政素养。

2. 终结性考核（40%）

终结性考核应围绕本课程目标，结合课程终结性考核要点，选择企业真实工作任务或设计学习任务进行考核。

考核任务案例：文具盒设计

【情境描述】

某文具企业拟用中国传统建筑元素主题设计开发一款文具盒，需包含至少两层存储空间，主要材质为马口铁。

【任务要求】

根据情境描述，在规定时间内完成以下设计任务：

（1）正确解读设计任务书，查阅相关资料，与教师沟通明确设计要求以及需要提交的成果；

（2）收集客户需求，基于调研报告及与教师沟通所了解的情况，制作文具盒设计分析报告；

（3）按照情境描述的情况，完成一份A3横版纸质手绘效果图设计，含标题、设计分析、产品效果图、产品三视图、产品使用情境和设计说明；

（4）根据手绘效果图方案完成一份A3横版JPG格式三维效果图设计，含标题、产品效果图和设计说明，并将设计分析报告、手绘效果图和三维效果图整理成一份设计提案；

（5）选用合适的工具和材料进行实物模型制作；

（6）组织展示汇报设计成果，做好工作现场的清理和整顿。

在工作过程中，操作者必须严格执行安全操作规程、企业质量体系管理制度、“7S”管理制度等企业管理规定。工作完成后，对文件归档整理，维护工作设备，保持工作场所整洁有序，并注意版权及授权范围，保证设计符合国家法律规定。

【参考资料】

完成上述任务时，可以使用所有常见教学资料，如专业教材、参考书、演示视频、优秀作品范例、素材网站范例等。

（建议：终结性考核成果需要进行橱窗展览、多媒体展示，组织邀请相关专业教师对课程内容及完成情况做出综合评价与改进建议。）

（四）玩具设计课程标准

工学一体化课程名称	玩具设计	基准学时	200

典型工作任务描述

玩具设计是工业设计师常见的工作任务之一。玩具设计主要通过研究各年龄阶段的用户认知和行为模式，运用工业设计的方法处理玩具的造型与色彩、结构与功能、材料与工艺的关系，并将这些关系统一表现在玩具造型及功能上。在本任务中，工业设计师主要负责玩具的草图设计、三维效果图设计、模型制作、工程图及工艺文件输出、设计提案制作等工作。

工业设计师从设计主管处领取工作任务后，明确工作时间和设计要求。按照设计主管提供的设计调研思路和设计分析方法，独立或合作开展设计分析与设计定位，制订合理的工作计划和设计方案。从产品的人性化、经济性、创新性、环保性、可持续性出发进行必要的调研，完成调研报告制作，确定设计方案。根据设计方案进行草图设计，创建三维模型，完成三维效果图设计，选择合适的工具和材料完成实物模型制作。输出可与结构工程师对接的工程图，输出可与原型制作工程师对接的工艺文件，制作并提交完整的设计提案文件，并根据反馈意见进行修改。按时交付最终设计成果并对设计资料进行分类、整理和归档。

工业设计师在完成工作的过程中，需要遵守专利法、著作权法、合同法、GB 6675—2014《玩具安全》等相关法律法规和国家标准，防止违法、违规、侵权等行为。同时应遵循文件制作、输出等设计要求及文件存储方式、资料存档等公司工作规范。

工作内容分析

工作对象：	工具、材料、设备与资料：	工作要求：
1. 工作任务要求的明确； 2. 工作计划和设计方案的制订； 3. 调研报告的制作与设计方案的确定； 4. 三维效果图的设计与实物模型的制作； 5. 工程图、工艺文件的	工具：铅笔、针管笔、马克笔、橡皮、刮刀、砂纸、锉刀； 材料：绘图纸、打印纸、卡纸、油泥、丙烯颜料、木板、3D 打印耗材； 设备：计算机图形工作站、工业设计软件（Rhino、Creo、KeyShot、Photoshop、Illustrator、CorelDRAW）、WPS 办公软件、读卡器、3D 打印机、小型激光切割机、木工手动工具（锯、刨、凿、锉、锤、钻等）、电动工具（平刨、压刨、台锯、斜切锯、线锯、带锯、台钻、砂带机等）； 资料：工作页、工作任务书、工作计划表、参考书、优秀作品范例、素材网站范例。 **工作方法：** 访谈法、设计分析法、问卷法、对比法、图示法、演绎法、综合法等。	1. 根据工作任务书要求，明确工作内容和交付期限； 2. 根据设计主管提供的设计调研思路和设计分析方法开展设计分析与设计定位，制订工作计划和合理的设计方案，确保工作计划能顺利实施； 3. 根据客户需求，从产品的人性化、经济性、创新性、环保性、可持续性出发进行必要的调研，完成调研报告制作，确保设计方案可行； 4. 根据设计方案进行草图设计，创建三维模型，完成三维效果图设计，选择合适的工具和材料完成实物模型制作，确保草图美观、三维模型结构合理、三维效果图版式合理、实物模型逼真； 5. 按照行业标准输出工程图和工艺文件，

续表

输出与设计提案的制作； 6. 设计成果的交付。	**劳动组织方式：** 工业设计师（或团队）从设计主管处领取工作任务，与设计主管进行沟通，明确工作时间和设计要求，以独立或团队合作的方式完成设计，交设计主管审核并修改。	与结构工程师和原型制作工程师进行专业沟通，并根据反馈意见沟通改进方案，在规定的时间内制作完成设计提案并汇报展示，确保提案内容全面，汇报思路清晰； 6. 按照行业标准和公司规范管理设计工作，交付设计成果，并进行资料和成果的分类、整理、归档工作，保证设计符合法律规定。

课程目标

学习完本课程后，学生应能胜任常见的玩具设计工作，包括立体拼图玩具设计、口算器设计、潮流玩具设计和拖拉玩具设计等。严格遵守专利法、合同法、产品质量法、标准化法、商标法、GB 6675—2014《玩具安全》等相关法律法规和国家标准，遵循文件制作、输出等设计要求及文件存储方式、资料存档等工作规范。

1. 能根据工作任务书要求，查阅和解读 GB 6675—2014《玩具安全》国家标准，明确工作内容和交付期限；

2. 能根据设计主管提供的设计调研思路和设计分析方法开展设计分析与设计定位，制订合理的设计方案和工作计划，确保工作计划能顺利实施；

3. 能根据客户需求，从产品的人性化、经济性、创新性、环保性、可持续性出发进行必要的调研，完成调研报告制作，确保设计方案可行；

4. 能根据设计方案进行草图设计，创建三维模型，完成三维效果图设计，选择合适的工具和材料完成实物模型制作，确保草图美观、三维模型结构合理、三维效果图版式合理、实物模型逼真；

5. 能按照行业标准输出工程图和工艺文件，与结构工程师和原型制作工程师进行专业沟通，并根据反馈意见沟通改进方案，在规定的时间内制作完成设计提案并汇报展示，确保提案内容全面，汇报思路清晰；

6. 能按照行业标准和公司规范管理设计工作，交付设计成果，并进行资料和成果的分类、整理、归档工作，保证设计符合法律规定。

学习内容

本课程主要学习内容包括：

1. 工作任务要求的明确

实践知识：GB 6675—2014《玩具安全》国家标准的查阅和解读。

理论知识：玩具分类、品牌、风格、发展历史、设计趋势。

2. 工作计划与设计方案的制订

实践知识：玩具设计分析与设计定位。

理论知识：各年龄阶段的用户认知和行为模式，玩具造型和功能创新原理，玩具材质和加工工艺知识。

3. 调研报告的制作与设计方案的确定

实践知识：专利法的内容解读，玩具资料的收集和分析，玩具调研报告的编写。

理论知识：对比法，调研报告体例格式。

4. 三维效果图的设计与实物模型的制作

实践知识：玩具塑料、金属、木材、橡胶等材质、造型细节、基本结构的手绘，计算机三维建模，几何场景的渲染表现，几何场景的搭建，油泥模型、3D 打印模型和实物模型的制作。

理论知识：塑料、金属、木材、橡胶等材质的绘制原理，基础曲面形体的绘制原理，手绘效果图、三维效果图的作用，油泥、3D 打印和实物模型制作流程及工艺。

5. 工程图、工艺文件的输出与设计提案的制作

实践知识：工程图的制作，工艺文件的制作，设计提案的策划设计，设计提案的整理、排序。

理论知识：工程制图原理，玩具的生产加工工艺知识，多媒体幻灯片制作流程，设计提案制作技巧。

6. 设计成果的交付

实践知识：合同法、产品质量法、标准化法、商标法等相关法律法规的内容解读，玩具设计调研报告、手绘效果图、三维模型、三维效果图、工程图和工艺文件、实物模型、设计提案内容质量和数量的整理与核对。

理论知识：工作要求和行业标准成果交付要求。

7. 通用能力、职业素养、思政素养

理解与表达、交往与合作、自我管理、自主学习、解决问题、时间意识、环保意识、版权意识、审美意识、创新思维、爱岗敬业、专注严谨、精益求精的工匠精神等。

参考性学习任务

序号	名称	学习任务描述	参考学时
1	立体拼图玩具设计	某玩具公司希望为冬奥会开发一套运动主题的木制拼图玩具，要求采用椴木板激光切割成型，能够拼接组合成运动员的立体形态，并包含一定的文具收纳或支撑功能。椴木板包装尺寸为长度 210 mm、宽度 170 mm、厚度 3 mm，板数为 2 片，总零件数不超过 30 件，玩具拼装成品尺寸不限。 学生从教师处领取工作任务后，明确工作时间和设计要求。按照教师提供的设计调研思路和设计分析方法，查阅立体拼图玩具的相关设计资料，分析立体拼图玩具的特点，运用工业设计研究工具和方法，独立或合作开展设计分析与设计定位，制订合理的工作计划和设计方案。从立体拼图玩具的人性化、经济性、创新性、环保性、可持续性出发进行必要的调研，完成调研报告制作，确定立体拼图玩具的设计方案。根据设计方案进行草图设计，创建三维模型，完成三维效果图设计，采用椴木板材料通过小型激光切割机完成 1∶1 实物模型制作。输出工程图和工艺文件，制作并提交完整的设计提案文件，并根据教师反馈意见进行修改。按时交付最终设计成果并对设计资料进行分类、整理和归档。 在工作过程中，需要遵守专利法、合同法、产品质量法、标准化法、商标法、GB 6675—2014《玩具安全》等相关法律法规和国家标准，防止	50

续表

1	立体拼图玩具设计	违法、违规、侵权等行为。同时应遵循文件制作、输出等设计要求及文件存储方式、资料存档等工作规范。	
2	口算器设计	某玩具公司推出的口算器受到了学龄儿童家长的好评。该玩具公司拟在原有口算器基础上设计一款动物造型口算器，材料为ABS、硅胶，要求产品造型、色彩符合3～10岁儿童使用习惯和心理需要。 学生从教师处领取工作任务后，明确工作时间和设计要求。按照教师提供的设计调研思路和设计分析方法，查阅口算器的相关设计资料，分析口算器的特点，运用工业设计研究工具和方法，独立或合作开展设计分析与设计定位，制订合理的工作计划和设计方案。从口算器的人性化、经济性、创新性、环保性、可持续性出发进行必要的调研，完成调研报告制作，确定口算器的设计方案。根据设计方案进行草图设计，创建三维模型，完成三维效果图设计，选择合适的工具和材料完成口算器实物模型制作。输出工程图和工艺文件，制作并提交完整的设计提案文件，并根据教师反馈意见进行修改。按时交付最终设计成果并对设计资料进行分类、整理和归档。 在工作过程中，需要遵守专利法、合同法、产品质量法、标准化法、商标法、GB 6675—2014《玩具安全》等相关法律法规和国家标准，防止违法、违规、侵权等行为。同时应遵循文件制作、输出等设计要求及文件存储方式、资料存档等工作规范。	50
3	潮流玩具设计	某玩具公司拟以“太空探索”为主题开发一款适合15岁及以上青少年的潮流玩具，采用PVC和ABS材料，造型符合主题意境，包装尺寸在100 mm×100 mm×150 mm范围内。 学生从教师处领取工作任务后，明确工作时间和设计要求。按照教师提供的设计调研思路和设计分析方法，查阅潮流玩具的相关设计资料，分析潮流玩具的特点，运用工业设计研究工具和方法，独立或合作开展设计分析与设计定位，制订合理的工作计划和设计方案。从潮流玩具的创新性、安全性、经济性出发进行必要的调研，完成调研报告制作，确定潮流玩具的设计方案。根据设计方案进行草图设计，创建三维模型，完成三维效果图设计，采用3D打印机完成1∶1实物模型制作。输出工程图和工艺文件，制作并提交完整的设计提案文件，并根据教师反馈意见进行修改。按时交付最终设计成果并对设计资料进行分类、整理和归档。 在工作过程中，需要遵守专利法、合同法、产品质量法、标准化法、商标法、GB 6675—2014《玩具安全》等相关法律法规和国家标准，防止违法、违规、侵权等行为。同时应遵循文件制作、输出等设计要求及文件存储方式、资料存档等工作规范。	50

续表

4	拖拉玩具设计	某玩具企业需要开发一款新型实木拖拉玩具。该拖拉玩具以中国传统节日为主题，材料以榉木为主，并以水性漆涂饰。该玩具不含电路结构，儿童用线绳拖拉该玩具时，玩具可通过木制机构作出简单动作或发出声响。外观尺寸在 150 mm × 250 mm × 150 mm 范围内。 学生从教师处领取工作任务后，明确工作时间和设计要求。按照教师提供的设计调研思路和设计分析方法，查阅拖拉玩具的相关设计资料，分析拖拉玩具的特点，运用工业设计研究工具和方法，独立或合作开展设计分析与设计定位，制订合理的工作计划和设计方案。从拖拉玩具的创新性、安全性、经济性出发进行必要的调研，完成调研报告制作，确定拖拉玩具的设计方案。根据设计方案进行草图设计，创建三维模型，完成三维效果图设计，采用木材加工设备和工具完成 1 : 1 实物模型制作。输出工程图和工艺文件，制作并提交完整的设计提案文件，并根据教师反馈意见进行修改。按时交付最终设计成果并对设计资料进行分类、整理和归档。 在工作过程中，需要遵守专利法、合同法、产品质量法、标准化法、商标法、GB 6675—2014《玩具安全》等相关法律法规和国家标准，防止违法、违规、侵权等行为。同时应遵循文件制作、输出等设计要求及文件存储方式、资料存档等工作规范。	50

教学实施建议

1. 师资要求

教师须具备立体拼图玩具、口算器、潮流玩具、拖拉玩具设计经验，了解企业设计流程，并具备本课程一体化课程教学设计与实施、一体化课程教学资源选择与应用等能力。

2. 教学组织方式方法建议

采用行动导向的教学方法。为确保教学安全，合理使用实训设施设备，提高学习效果，建议采用分组教学的形式（4 ~ 6 人 / 组），同时培养学生理解与表达、交往与合作、自我管理、自主学习、解决问题等通用能力。在完成工作任务的过程中，教师须加强示范与指导，注重学生时间意识、环保意识、版权意识、审美意识、创新思维等职业素养，爱岗敬业、专注严谨、精益求精的工匠精神等思政素养的培养。

有条件的地区，可通过引企入校或建立校外实训基地等方式，为学生提供真实的工作环境，由企业导师和专业教师协同教学。

3. 教学资源配备建议

（1）教学场地

学习工作站：须具备良好的安全、照明和通风条件，可分为集中教学区、方案讨论区、成果展示区，并配置相应的文件服务器和多媒体教学系统等设备设施，面积以至少同时容纳 35 人开展教学活动为宜。

木工实训车间：须具备良好的安全、照明和通风条件，可分为集中教学区、操作区、成果展示区，并配置木工手动、电动工具，面积以至少同时容纳 20 人开展教学活动为宜。

续表

模型实训车间：须具备良好的安全、照明和通风条件，可分为操作区、成果展示区，并配置 3D 打印设备，面积以至少同时容纳 20 人开展教学活动为宜。

3D 打印实训车间：须具备良好的安全、照明和通风条件，可分为操作区、成果展示区，并配置 3D 打印设备，面积以至少同时容纳 10 人开展教学活动为宜。

（2）工具、材料、设备

以个人为单位配备计算机图形工作站、工业设计软件（Rhino、Creo、KeyShot、Photoshop、Illustrator、CorelDRAW）、WPS 办公软件、铅笔、针管笔、马克笔、橡皮、绘图纸、打印纸、卡纸。以小组为单位配备油泥、刮刀、砂纸、锉刀、丙烯颜料、实木板材、木工手动工具（锯、刨、凿、锉、锤、钻等）、电动工具（平刨、压刨、台锯、斜切锯、线锯、带锯、台钻、砂带机等）、3D 打印机、3D 打印耗材、读卡器、劳保用品等。

（3）教学资料

以工作页为主，配备玩具样品、工作任务书、工作计划表、教材、参考书、优秀作品范例、素材网站范例等教学资料。

4. 教学管理制度

执行工学一体化教学场所的管理规定，如需要进行校外认识实习和岗位实践，应严格遵守生产性实训基地、企业实习实践等管理制度。

教学考核要求

本课程考核采用过程性考核和终结性考核相结合的方式，课程考核成绩 = 过程性考核成绩 ×60%+ 终结性考核成绩 ×40%。

1. 过程性考核（60%）

过程性考核成绩由 4 个参考性学习任务考核成绩构成。其中，立体拼图玩具设计的考核成绩占比为 20%，口算器设计的考核成绩占比为 20%，潮流玩具设计的考核成绩占比为 30%、拖拉玩具设计的考核成绩占比为 30%。

上述参考性学习任务的考核应以其学习目标为依据确定考核要点，设计考核项目。考核项目可分为技能考核类、学习成果类和通用能力观察类等类别，通过细化其评分细则，分别从专业能力、通用能力等维度对学生学习情况进行考核。

（1）技能考核类考核项目可包括产品资料的收集和分析、设计方案的确定、三维模型的创建、渲染场景的搭建、实物模型的制作、设计提案的展示汇报等关键操作技能和心智技能。

（2）学习成果类考核项目涉及各学习环节产出的学习成果，可运用调研报告、手绘效果图、三维模型、三维效果图、工程图和工艺文件、实物模型和设计提案等多种形式。

（3）通用能力观察类考核项目可包括理解与表达、交往与合作、自我管理、自主学习、解决问题、时间意识、环保意识、版权意识、审美意识、创新思维、爱岗敬业、专注严谨、精益求精的工匠精神等学生学习过程中表现出来的通用能力、职业素养和思政素养。

2. 终结性考核（40%）

终结性考核应围绕本课程目标，结合课程终结性考核要点，选择企业真实工作任务或设计学习任务进

行考核。 考核任务案例：拖拉玩具设计 【情境描述】 某玩具用品企业拟为 1～3 岁儿童设计开发一款以“复兴号”动车为主题的拖拉玩具，需包含至少 3 节车厢，材料为橡胶木，以水性漆涂饰。 【任务要求】 根据情境描述，在规定时间内完成以下任务： （1）正确解读设计任务书，查阅相关资料，与教师沟通明确设计要求以及需要提交的成果； （2）收集客户需求，基于调研报告及与教师沟通所了解的情况，制作拖拉玩具设计分析报告； （3）按照情境描述的情况，完成一份 A3 横版纸质手绘效果图设计，含标题、设计分析、产品效果图、产品三视图、产品使用情境和设计说明； （4）根据手绘效果图方案，完成一份 A3 横版 JPG 格式三维效果图设计，含标题、两个不同视角的产品效果图、产品配色方案和设计说明，并将设计分析报告、手绘效果图和三维效果图整理成一份设计提案； （5）选用合适的工具和材料进行实物模型制作； （6）组织展示汇报设计成果，做好工作现场的清理和整顿。 【参考资料】 完成上述任务时，可以使用所有常见教学资料，如专业教材、参考书、演示视频、优秀作品范例、素材网站范例等。 （建议：终结性考核成果需要进行橱窗展览、多媒体展示，组织邀请相关专业教师对课程内容及完成情况做出综合评价与改进建议。）

（五）家具设计课程标准

工学一体化课程名称	家具设计	基准学时	200
典型工作任务描述			
家具设计是工业设计师常见的工作任务之一。为了满足客户的个性化需求，需要工业设计师结合人体尺寸和使用环境，对家具的各要素等进行设计，并与客户沟通确认项目最终方案的选择。本任务中工业设计师主要负责家具的分析报告制作、草图设计、三维效果图设计、模型制作、工程图以及工艺文件输出、设计提案制作等工作。 工业设计师从设计主管处领取工作任务后，明确工作时间和设计要求。按照设计主管提供的设计调研思路和设计分析方法，独立或合作开展设计分析与设计定位，制订合理的工作计划和设计方案。从产品的人性化、经济性、创新性、环保性、可持续性出发进行必要的调研，完成调研报告制作，确定设计方案。根据设计方案进行草图设计，创建三维模型，完成三维效果图设计，选择合适的工具和材料完成实物比例模型制作。输出可与结构工程师对接的工程图，输出可与家具制作师对接的工艺文件，制作并提交完整的设计提案文件，并根据反馈意见进行修改。按时交付最终设计成果并对设计资料进行分类、整理和归档。			

续表

<table>
<tr><td colspan="3">设计师在完成工作的过程中，需要遵守专利法、著作权法、合同法、GB/T 3326—2016《家具 桌、椅、凳类主要尺寸》、GB/T 32487—2016《塑料家具通用技术条件》、GB/T 3324—2017《木家具通用技术条件》、GB 28007—2011《儿童家具通用技术条件》等相关法律法规和国家标准，防止违法、违规、侵权等行为。同时应遵循文件制作、输出等设计要求及文件存储方式、资料存档等公司工作规范。</td></tr>
<tr><td colspan="3">工作内容分析</td></tr>
<tr><td>工作对象：
1. 工作任务要求的明确；
2. 工作计划和设计方案的制订；
3. 调研报告的制作与设计方案的确定；
4. 三维效果图的设计与实物模型的制作；
5. 工程图、工艺文件的输出与设计提案的制作；
6. 设计成果的交付。</td><td>工具、材料、设备与资料：
工具：铅笔、针管笔、马克笔、橡皮、刮刀、砂纸、锉刀；
材料：绘图纸、打印纸、卡纸、丙烯颜料、木板、3D 打印耗材；
设备：计算机图形工作站、工业设计软件（Rhino、Creo、KeyShot、Photo-shop、Illustrator、CorelDRAW）、WPS 办公软件、读卡器、3D 打印机、木工手动工具（锯、刨、凿、锉、锤、钻等）、木工电动工具（平刨、压刨、台锯、斜切锯、线锯、带锯、台钻、砂带机等）；
资料：工作页、工作任务书、工作计划表、参考书、优秀作品范例、素材网站范例。
工作方法：
访谈法、设计分析法、问卷法、对比法、图示法、演绎法、综合法等。
劳动组织方式：
工业设计师（或团队）从设计主管处领取工作任务，与设计主管进行沟通，明确工作时间和设计要求，以独立或团队合作的方式完成设计，交设计主管审核并修改。</td><td>工作要求：
1. 根据工作任务书要求，明确工作内容和交付期限；
2. 根据设计主管提供的设计调研思路和设计分析方法开展设计分析与设计定位，制订工作计划和合理的设计方案，确保工作计划能顺利实施；
3. 根据客户需求，从产品的人性化、经济性、创新性、环保性、可持续性出发进行必要的调研，完成调研报告制作，确保设计方案可行；
4. 根据设计方案进行草图设计，创建三维模型，完成三维效果图设计，选择合适的工具和材料完成实物模型制作，确保草图美观、三维模型结构合理、三维效果图版式合理、实物模型逼真；
5. 按照行业标准输出工程图和工艺文件，与家具制作师进行专业沟通，并根据反馈意见沟通改进方案，在规定的时间内制作完成设计提案并汇报展示，确保提案内容全面，汇报思路清晰；
6. 按照行业标准和公司规范管理设计工作，交付设计成果，并进行资料和成果的分类、整理、归档工作，保证设计符合法律规定。</td></tr>
<tr><td colspan="3">课程目标</td></tr>
<tr><td colspan="3">学习完本课程后，学生应能胜任常见的家具设计工作，包括学习桌设计、靠背椅设计、书架设计和猫爬架设计等。严格遵守专利法、著作权法、合同法、GB/T 3326—2016《家具　桌、椅、凳类主要尺寸》、GB/T 32487—2016《塑料家具通用技术条件》、GB/T 3324—2017《木家具通用技术条件》、GB 28007—2011《儿童家具通用技术条件》等相关法律法规和国家标准，遵循文件制作、输出等设计要求及文件存储方式、资料存档等工作规范。</td></tr>
</table>

续表

1. 能根据工作任务书要求，查阅和解读GB/T 3326—2016《家具　桌、椅、凳类主要尺寸》、GB/T 32487—2016《塑料家具通用技术条件》、GB/T 3324—2017《木家具通用技术条件》、GB 28007—2011《儿童家具通用技术条件》等国家标准，明确工作内容和交付期限；

2. 能根据设计主管提供的设计调研思路和设计分析方法开展设计分析与设计定位，制订合理的设计方案和工作计划，确保工作计划能顺利实施；

3. 能根据客户需求，从产品的人性化、经济性、创新性、环保性、可持续性出发进行必要的调研，完成调研报告制作，确保设计方案可行；

4. 能根据设计方案进行草图设计，创建三维模型，完成三维效果图设计，选择合适的工具和材料完成实物模型制作，确保草图美观、三维模型结构合理、三维效果图版式合理、实物模型逼真；

5. 能按照行业标准输出工程图和工艺文件，与家具制作师进行专业沟通，并根据反馈意见沟通改进方案，在规定的时间内制作完成设计提案并汇报展示，确保提案内容全面，汇报思路清晰；

6. 能按照行业标准和公司规范管理设计工作，交付设计成果，并进行资料和成果的分类、整理、归档工作，保证设计符合法律规定。

学习内容

本课程主要学习内容包括：

1. 工作任务要求的明确

实践知识：GB/T 3326—2016《家具　桌、椅、凳类主要尺寸》、GB/T 32487—2016《塑料家具通用技术条件》、GB/T 3324—2017《木家具通用技术条件》、GB 28007—2011《儿童家具通用技术条件》等国家标准的查阅和解读。

理论知识：家具分类、品牌、风格、发展历史、设计趋势。

2. 工作计划与设计方案的制订

实践知识：家具设计分析与设计定位。

理论知识：人体工程学知识，家具造型和功能创新原理，家具材质和加工工艺知识。

3. 调研报告的制作与设计方案的确定

实践知识：专利法内容的解读，家具资料的收集和分析，家具调研报告的编写。

理论知识：对比法，调研报告体例格式。

4. 三维效果图的设计与实物模型的制作

实践知识：实木、人造板材、塑料等材质、造型细节、基本结构的手绘，计算机三维建模，室内场景的渲染表现，室内场景的搭建，大样图的制作，实木和人造板材的加工制作，3D打印模型和实物模型的制作。

理论知识：实木、人造板材、塑料等材质的绘制原理，基础曲面形体的绘制原理，手绘效果图、三维效果图的作用，图纸比例缩放知识，油泥、3D打印和实物模型制作流程及工艺。

5. 工程图、工艺文件的输出与设计提案的制作

实践知识：工程图的制作，工艺文件的制作，设计提案的策划设计，设计提案的整理、排序。

理论知识：工程制图原理，家具结构知识，家具生产加工工艺知识，多媒体幻灯片制作流程，设计提

案制作技巧。

6. 设计成果的交付

实践知识：合同法、产品质量法、标准化法、商标法等相关法律法规的内容解读，家具设计调研报告、手绘效果图、三维模型、三维效果图、工程图和工艺文件、实物模型、设计提案内容质量和数量的整理与核对。

理论知识：工作要求和行业标准成果交付要求。

7. 通用能力、职业素养、思政素养

理解与表达、交往与合作、自我管理、自主学习、解决问题、时间意识、环保意识、版权意识、审美意识、创新思维、爱岗敬业、专注严谨、精益求精的工匠精神等。

参考性学习任务

序号	名称	学习任务描述	参考学时
1	学习桌设计	某家具企业将为学龄前儿童用户开发一款“海洋”主题学习桌产品，要求从合适的海洋动植物中提炼设计元素，符合学龄前儿童的身高和形体特征，满足其日常学习和游戏需求，并符合 GB/T 32487—2016《塑料家具通用技术条件》和 GB 28007—2011《儿童家具通用技术条件》国家标准。学习桌采用环保 PE 材料，方便拆装，外观尺寸范围为：长度 750 ~ 800 mm、宽度 450 ~ 550 mm、高度 450 ~ 550 mm。 学生从教师处领取工作任务后，明确工作时间和设计要求。按照教师提供的设计调研思路和设计分析方法，查阅学习桌的相关设计资料，分析学习桌的特点，运用工业设计研究工具和方法，独立或合作开展设计分析与设计定位，制订合理的工作计划和设计方案。从学习桌的人性化、经济性、创新性、环保性、可持续性出发进行必要的调研，完成调研报告制作，确定学习桌的设计方案。根据设计方案进行草图设计，创建三维模型，完成三维效果图设计，输出 3D 打印文档并通过 3D 打印机完成 1 : 5 模型制作。输出工程图和工艺文件，制作并提交完整的设计提案文件，并根据教师反馈意见进行修改。按时交付最终设计成果并对设计资料进行分类、整理和归档。 在工作过程中，需要遵守专利法、著作权法、合同法、GB/T 3326—2016《家具　桌、椅、凳类主要尺寸》、GB/T 32487—2016《塑料家具通用技术条件》、GB/T 3324—2017《木家具通用技术条件》、GB 28007—2011《儿童家具通用技术条件》等相关法律法规和国家标准，防止违法、违规、侵权等行为。同时应遵循文件制作、输出等设计要求及文件存储方式、资料存档等工作规范。	50
2	靠背椅设计	某家具企业将为现代白领家庭开发一款家用实木轻奢靠背椅，规格符合 GB/T 3326—2016《家具　桌、椅、凳类主要尺寸》、GB/T 3324—	50

续表

2	靠背椅设计	2017《木家具通用技术条件》国家标准中靠背椅的设计要求，外观简约、大气，品质感较强，与现代风格家居环境相协调。靠背椅采用全实木材料，通过榫卯结构固定，符合用餐等场景的人机工学设计。最终输出3D打印文档并通过3D打印机完成1：5模型制作。 学生从教师处领取工作任务后，明确工作时间和设计要求。按照教师提供的设计调研思路和设计分析方法，查阅靠背椅的相关设计资料，分析靠背椅的特点，运用工业设计研究工具和方法，独立或合作开展设计分析与设计定位，制订合理的工作计划和设计方案。从靠背椅的人性化、经济性、创新性、环保性、可持续性出发进行必要的调研，完成调研报告制作，确定靠背椅的设计方案。根据设计方案进行草图设计，创建三维模型，完成三维效果图设计，输出3D打印文档并通过3D打印机完成1：5模型制作。输出工程图和工艺文件，制作并提交完整的设计提案文件，并根据教师反馈意见进行修改。按时交付最终设计成果并对设计资料进行分类、整理和归档。 在工作过程中，需要遵守专利法、著作权法、合同法、GB/T 3326—2016《家具　桌、椅、凳类主要尺寸》、GB/T 32487—2016《塑料家具通用技术条件》、GB/T 3324—2017《木家具通用技术条件》、GB 28007—2011《儿童家具通用技术条件》等相关法律法规和国家标准，防止违法、违规、侵权等行为。同时应遵循文件制作、输出等设计要求及文件存储方式、资料存档等工作规范。	
3	书架设计	某家具企业将为小户型家庭开发一款多功能落地书架，造型美观新颖，除了能够存放书籍之外还兼具贮存功能。书架主体为实木板或胶合板，外观尺寸适合小户型家庭使用。最终输出大样图并配合完成1：1实物模型制作。 学生从教师处领取工作任务后，明确工作时间和设计要求。按照教师提供的设计调研思路和设计分析方法，查阅书架的相关设计资料，分析书架的特点，运用工业设计研究工具和方法，独立或合作开展设计分析与设计定位，制订合理的工作计划和设计方案。从书架的创新性、安全性、经济性出发进行必要的调研，完成调研报告制作，确定书架的设计方案。根据设计方案进行草图设计，创建三维模型，完成三维效果图设计，使用3D打印机完成1：1实物模型制作。输出工程图和工艺文件，制作并提交完整的设计提案文件，并根据教师反馈意见进行修改。按时交付最终设计成果并对设计资料进行分类、整理和归档。 在工作过程中，需要遵守专利法、著作权法、合同法、GB/T 3326—	50

续表

3	书架设计	2016《家具　桌、椅、凳类主要尺寸》、GB/T 32487—2016《塑料家具通用技术条件》、GB/T 3324—2017《木家具通用技术条件》、GB 28007—2011《儿童家具通用技术条件》等相关法律法规和国家标准，防止违法、违规、侵权等行为。同时应遵循文件制作、输出等设计要求及文件存储方式、资料存档等工作规范。	
4	猫爬架设计	某宠物家具企业将为家庭养宠用户设计一款开放式宠物猫家具，要求内外空间设计合理，满足宠物猫攀爬娱乐的需要。猫爬架采用松木板材、麻绳、有机玻璃等材料，外观尺寸根据宠物猫的习性自定。最终输出大样图并配合完成 1 : 1 实物模型制作。 学生从教师处领取工作任务后，明确工作时间和设计要求。按照教师提供的设计调研思路和设计分析方法，查阅猫爬架的相关设计资料，分析猫爬架的特点，运用工业设计研究工具和方法，独立或合作开展设计分析与设计定位，制订合理的工作计划和设计方案。从猫爬架的创新性、安全性、经济性出发进行必要的调研，完成调研报告制作，确定猫爬架的设计方案。根据设计方案进行草图设计，创建三维模型，完成三维效果图设计，采用木材加工设备和工具完成 1 : 1 实物模型制作。输出工程图和工艺文件，制作并提交完整的设计提案文件，并根据教师反馈意见进行修改。按时交付最终设计成果并对设计资料进行分类、整理和归档。 在工作过程中，需要遵守专利法、著作权法、合同法、GB/T 3326—2016《家具　桌、椅、凳类主要尺寸》、GB/T 32487—2016《塑料家具通用技术条件》、GB/T 3324—2017《木家具通用技术条件》、GB 28007—2011《儿童家具通用技术条件》等相关法律法规和国家标准，防止违法、违规、侵权等行为。同时应遵循文件制作、输出等设计要求及文件存储方式、资料存档等工作规范。	50

教学实施建议

1. 师资要求

教师须具备学习桌、靠背椅、书架、猫爬架设计经验，了解企业设计流程，并具备本课程一体化课程教学设计与实施、一体化课程教学资源选择与应用等能力。

2. 教学组织方式方法建议

采用行动导向的教学方法。为确保教学安全，合理使用实训设施设备，提高学习效果，建议采用分组教学的形式（4 ~ 6 人 / 组），同时培养学生理解与表达、交往与合作、自我管理、自主学习、解决问题等通用能力。在完成工作任务的过程中，教师须加强示范与指导，注重学生时间意识、环保意识、版权意识、审美意识、创新思维等职业素养，爱岗敬业、专注严谨、精益求精的工匠精神等思政素养的培养。

有条件的地区，可通过引企入校或建立校外实训基地等方式，为学生提供真实的工作环境，由企业导师和专业教师协同教学。

3. 教学资源配备建议

（1）教学场地

学习工作站：须具备良好的安全、照明和通风条件，可分为集中教学区、方案讨论区、成果展示区，并配置相应的文件服务器和多媒体教学系统等设备设施，面积以至少同时容纳35人开展教学活动为宜。

木工实训车间：须具备良好的安全、照明和通风条件，可分为集中教学区、操作区、成果展示区，并配置木工手动、电动工具，面积以至少同时容纳20人开展教学活动为宜。

3D打印实训车间：须具备良好的安全、照明和通风条件，可分为操作区、成果展示区，并配置3D打印设备，面积以至少同时容纳10人开展教学活动为宜。

（2）工具、材料、设备

以个人为单位配备计算机图形工作站、工业设计软件（Rhino、Creo、KeyShot、Photoshop、Illustrator、CorelDRAW）、WPS办公软件、铅笔、针管笔、马克笔、橡皮、绘图纸、打印纸、卡纸。以小组为单位配备油泥、刮刀、砂纸、锉刀、丙烯颜料、实木板材、木工手动工具（锯、刨、凿、锉、锤、钻等）、木工电动工具（平刨、压刨、台锯、斜切锯、线锯、带锯、台钻、砂带机等）、3D打印机、3D打印耗材、读卡器、劳保用品等。

（3）教学资料

以工作页为主，配备家具样品、工作任务书、工作计划表、教材、参考书、优秀作品范例、素材网站范例等教学资料。

4. 教学管理制度

执行工学一体化教学场所的管理规定，如需要进行校外认识实习和岗位实践，应严格遵守生产性实训基地、企业实习实践等管理制度。

教学考核要求

本课程考核采用过程性考核和终结性考核相结合的方式，课程考核成绩＝过程性考核成绩×60%+终结性考核成绩×40%。

1. 过程性考核（60%）

过程性考核成绩由4个参考性学习任务考核成绩构成。其中，学习桌设计的考核成绩占比为20%，靠背椅设计的考核成绩占比为20%，书架设计的考核成绩占比为30%，猫爬架设计的考核成绩占比为30%。

上述参考性学习任务的考核应以其学习目标为依据确定考核要点，设计考核项目。考核项目可分为技能考核类、学习成果类和通用能力观察类等类别，通过细化其评分细则，分别从专业能力、通用能力等维度对学生学习情况进行考核。

（1）技能考核类考核项目可包括产品资料的收集和分析、设计方案的确定、三维模型的创建、渲染场景的搭建、实物模型的制作、设计提案的展示汇报等关键操作技能和心智技能。

（2）学习成果类考核项目涉及各学习环节产出的学习成果，可运用调研报告、手绘效果图、三维模型、三维效果图、工程图和工艺文件、实物模型和设计提案等多种形式。

（3）通用能力观察类考核项目可包括理解与表达、交往与合作、自我管理、自主学习、解决问题、时间意识、环保意识、版权意识、审美意识、创新思维、爱岗敬业、专注严谨、精益求精的工匠精神等学生学习过程中表现出来的通用能力、职业素养和思政素养。

2. 终结性考核（40%）

终结性考核应围绕本课程目标，结合课程终结性考核要点，选择企业真实工作任务或设计学习任务进行考核。

考核任务案例：儿童学习椅设计

【情境描述】

某家具企业拟为学龄前儿童设计一款儿童学习椅，要求符合学龄前儿童的身高和形体特征，满足其日常学习和娱乐需求，并可与学习桌搭配。学习椅采用环保 PE 材料，方便拆装。

【任务要求】

根据情境描述，在规定时间内完成以下任务：

（1）正确解读设计任务书，查阅相关资料，与教师沟通明确设计要求以及需要提交的成果；

（2）收集客户需求，基于调研报告及与教师沟通所了解的情况，制作儿童学习椅设计分析报告；

（3）按照情境描述的情况，完成一份 A3 横版纸质手绘效果图设计，含标题、设计分析、产品效果图、产品三视图、产品使用情境和设计说明；

（4）根据手绘效果图方案，完成一份 A3 横版 JPG 格式三维效果图设计，含标题、两个不同视角的产品效果图、产品配色方案和设计说明，并将设计分析报告、手绘效果图和三维效果图整理成一份设计提案；

（5）选用合适的工具和材料进行实物模型制作；

（6）组织展示汇报设计成果，做好工作现场的清理和整顿。

【参考资料】

完成上述任务时，可以使用所有常见教学资料，如专业教材、参考书、演示视频、优秀作品范例、素材网站范例等。

（建议：终结性考核成果需要进行橱窗展览、多媒体展示，组织邀请相关专业教师对课程内容及完成情况做出综合评价与改进建议。）

（六）体育用品设计课程标准

工学一体化课程名称	体育用品设计	基准学时	150
典型工作任务描述			
体育用品设计是工业设计师常见的工作任务之一。在本任务中，工业设计师主要负责体育用品的草图设计、三维效果图设计、工程图及工艺文件输出、设计提案制作等工作任务。 工业设计师从设计主管处领取工作任务后，明确工作时间和设计要求，根据客户提供的样品完成体育用品设计分析报告。在设计主管指导下，从产品的美观性、经济性、可实施性出发，完成草图设计、手绘效果图设计、三维效果图设计、产品工程图制作、体育用品模型制作。每个阶段完成后均需与设计主管沟通，根据反馈意见进行修改，按时交付最终设计成果并对设计资料进行分类、整理和归档。			

续表

工业设计师在完成工作的过程中，需要遵守专利法、著作权法、合同法、GB/T 31708—2015《体育用品安全风险评估指南》等相关法律法规和国家标准，防止违法、违规、侵权等行为。同时应遵循文件制作、输出等设计要求及文件存储方式、资料存档等公司工作规范。		
工作内容分析		
工作对象： 1. 设计需求等信息的获取，工作任务要求的明确，个人工作计划的制订； 2. 设计分析报告的制作； 3. 草图的绘制，方案的确定； 4. 手绘效果图的绘制，三维效果图的设计； 5. 产品工程图的绘制，模型的制作，美观性、经济性、可实施性等目标的达成； 6. 完稿的导出和整理归档，设计成果的交付。	**工具、材料、设备与资料：** 工具：铅笔、针管笔、马克笔、橡皮、刮刀、砂纸、锉刀； 材料：绘图纸、打印纸、卡纸、丙烯颜料、油泥、3D 打印耗材； 设备：计算机图形工作站、工业设计软件（Rhino、Creo、KeyShot、Photoshop、Illustrator、CorelDRAW）、WPS 办公软件、3D 打印机、读卡器； 资料：体育用品样品、工作页、工作任务书、工作计划表、参考书、优秀作品范例、素材网站范例。 **工作方法：** 设计分析法、图示法、资料查阅法、归类整理法、观察法、递推法等。 **劳动组织方式：** 工业设计师（或团队）从设计主管处领取工作任务，与设计主管进行沟通，明确工作时间和设计要求，以独立或团队合作的方式完成体育用品设计，交设计主管审核并修改。	**工作要求：** 1. 认真阅读工作任务书，并根据工作任务书要求合理制订个人工作计划，明确时间节点与工作难点； 2. 根据任务提供的样品查阅相关资料，完成体育用品设计分析报告； 3. 小组之间进行讨论，从产品的美观性、经济性、可实施性出发，按时完成草图设计，由客户确定最优方案，注意知识产权，保证设计符合法律规定； 4. 根据最终确定的设计方案绘制手绘效果图，并建立三维模型，完成造型生动、结构清晰、材质合理的三维效果图设计； 5. 根据产品三维模型输出制作规范的工程图，选择合适的工具和材料完成体育用品模型制作； 6. 在规定时间内按照行业标准和工作页要求交付设计成果，并进行资料和成果的分类、整理、归档工作。
课程目标		
学习完本课程后，学生应能胜任常见的体育用品设计工作，包括滑板设计、健腹轮设计和运动头盔设计，严格遵守专利法、合同法、产品质量法、标准化法、商标法等相关法律法规，遵循文件制作、输出等设计要求及文件存储方式、资料存档等工作规范。 1. 能根据工作任务书要求合理制订个人工作计划，明确工作内容和交付期限； 2. 能根据体育用品样品查阅相关资料，完成体育用品设计分析报告，确保工作计划能顺利实施； 3. 能根据客户需求，从产品的美观性、经济性、可实施性出发，按时完成创意设计方案的草图设计，与教师沟通确定最优方案，并完成手绘效果图设计，注意知识产权，保证设计符合法律规定； 4. 能根据确定的设计方案建立三维模型，完成造型生动、结构清晰、材质合理的三维效果图设计； 5. 能根据产品三维模型输出制作规范的工程图，并与设计输入要求核对确认，做到认真细致；		

续表

6. 能选择合适的工具和材料完成体育用品模型制作，在规定时间内按照行业标准和工作页要求交付设计成果，并进行资料和成果的分类、整理、归档工作。

学习内容

本课程主要学习内容包括：

1. 工作任务要求的明确

实践知识：专利法、合同法、产品质量法、标准化法、商标法的查阅和解读。

理论知识：体育用品分类、趋势，体育用品人机工程知识。

2. 工作计划与设计方案的制订

实践知识：体育用品设计分析与设计定位。

理论知识：常见体育用品的基本构造、功能、工艺。

3. 调研报告的制作与设计方案的确定

实践知识：体育用品产品资料收集和分析，体育用品调研报告的编写。

理论知识：对比法，调研报告体例格式。

4. 三维效果图的设计与实物模型的制作

实践知识：体育用品塑料材质、造型细节、基本结构的手绘，计算机三维建模，室外场景的渲染表现，室内场景的渲染表现，室内运动氛围渲染场景的搭建，实物模型的制作。

理论知识：塑料材质的绘制原理，较为复杂形体的爆炸解析图绘制原理，手绘效果图、三维效果图的作用，3D 打印制作流程及工艺。

5. 工程图、工艺文件的输出与设计提案的制作

实践知识：工程图的制作，工艺文件的制作，设计提案的策划设计，设计提案的整理、排序。

理论知识：工程制图原理，塑料的基本工艺知识，多媒体幻灯片制作流程，设计提案制作技巧。

6. 设计成果的交付

实践知识：合同法、产品质量法、标准化法、商标法等相关法律法规的内容解读，体育用品调研报告、手绘效果图、三维模型、三维效果图、工程图和工艺文件、实物模型、设计提案内容质量和数量的整理与核对。

理论知识：工作要求和行业标准成果交付要求。

7. 通用能力、职业素养、思政素养

理解与表达、交往与合作、自我管理、自主学习、解决问题、时间意识、环保意识、版权意识、审美意识、创新思维、爱岗敬业、专注严谨、精益求精的工匠精神等。

参考性学习任务

序号	名称	学习任务描述	参考学时
1	滑板设计	某体育用品公司计划开发一款小型塑料滑板（俗称“小鱼板”），要求设计新颖，满足体育爱好者的需求。板面采用聚丙烯塑料一体成型，单翘样式。板面不贴砂纸，以塑料纹理增加摩擦力，板底有加强筋增	50

续表

1	滑板设计	加板面强度。底部支架采用3.25寸（约108 mm）铝制支架，56 mm直径聚氨酯轮。外观尺寸范围为：长度550～600 mm，宽度130～180 mm，高度100～150 mm（含轮）。方案数量为一款。 学生从教师处领取工作任务后，根据工作任务书要求制订个人工作计划，独立或以小组形式开展工作任务。根据教师提供的滑板样品收集相关素材，完成设计分析报告，并在教师指导下，从产品的美观性、可实施性出发，完成草图设计，确定滑板的设计方案。根据设计方案进行草图设计，创建三维模型，完成三维效果图设计，选择合适的工具和材料完成滑板实物比例模型制作。输出工程图和工艺文件，制作并提交完整的设计提案文件，并根据教师反馈意见进行修改。按时交付最终设计成果并对设计资料进行分类、整理和归档。 在工作过程中，需要遵守专利法、合同法、产品质量法、标准化法、商标法等相关法律法规，防止违法、违规、侵权等行为。同时应遵循文件制作、输出等设计要求及文件存储方式、资料存档等工作规范。	
2	健腹轮设计	某体育用品公司计划开发一款新型健腹轮。该健腹轮包含一个自动回弹主轮和两个可拆卸人机工程手柄，主体材料采用ABS工程塑料，主轮通过中心不锈钢管与可拆卸手柄固定，主轮外包覆TPR防滑材料。外观尺寸范围为：主轮直径180～220 mm，主轮宽度100～150 mm，单侧手柄长度120～150 mm。方案数量为一款。 学生从教师处领取工作任务后，根据工作任务书要求制订个人工作计划，独立或以小组形式开展工作任务。根据教师提供的健腹轮样品收集相关素材，完成设计分析报告，并在教师指导下，从产品的经济性、可实施性出发，完成草图设计，确定健腹轮的设计方案。根据设计方案进行草图设计，创建三维模型，完成三维效果图设计，选择合适的工具和材料完成健腹轮实物比例模型制作。输出工程图和工艺文件，制作并提交完整的设计提案文件，并根据教师反馈意见进行修改。按时交付最终设计成果并对设计资料进行分类、整理和归档。 在工作过程中，需要遵守专利法、合同法、产品质量法、标准化法、商标法等相关法律法规，防止违法、违规、侵权等行为。同时应遵循文件制作、输出等设计要求及文件存储方式、资料存档等工作规范。	50
3	运动头盔设计	某体育用品公司计划开发一款运动头盔，满足体育爱好者的需求。该头盔为半盔式公路骑行专用头盔，不含帽檐，顶部留有散热孔。头盔壳体采用ABS材质，缓冲层采用EPS材料，适合头围为540～600 mm的青少年和成人佩戴。方案数量为一款。 学生从教师处领取工作任务后，根据工作任务书要求制订个人工作	50

续表

3	运动头盔设计	计划，独立或以小组形式开展工作任务。根据教师提供的运动头盔样品收集相关素材，完成设计分析报告，并在教师指导下，从产品的美观性、经济性、可实施性出发，完成草图设计，确定运动头盔的设计方案。根据设计方案进行草图设计，创建三维模型，完成三维效果图设计，选择合适的工具和材料完成运动头盔实物比例模型制作。输出工程图和工艺文件，制作并提交完整的设计提案文件，并根据教师反馈意见进行修改。按时交付最终设计成果并对设计资料进行分类、整理和归档。 在工作过程中，需要遵守专利法、合同法、产品质量法、标准化法、商标法等相关法律法规，防止违法、违规、侵权等行为。同时应遵循文件制作、输出等设计要求及文件存储方式、资料存档等工作规范。

教学实施建议

1. 师资要求

教师须具备滑板、健腹轮、运动头盔产品设计经验，了解企业设计流程，采用行动导向的教学方法，并具备本课程一体化课程教学设计与实施、一体化课程教学资源选择与应用等能力。

2. 教学组织方式方法建议

采用行动导向的教学方法。为确保教学安全，合理使用实训设施设备，提高学习效果，建议采用分组教学的形式（4～6人/组），同时培养学生理解与表达、交往与合作、自我管理、自主学习、解决问题等通用能力。在完成工作任务的过程中，教师须加强示范与指导，注重学生时间意识、环保意识、版权意识、审美意识、创新思维等职业素养，爱岗敬业、专注严谨、精益求精的工匠精神等思政素养的培养。

有条件的地区，可通过引企入校或建立校外实训基地等方式，为学生提供真实的工作环境，由企业导师和专业教师协同教学。

3. 教学资源配备建议

（1）教学场地

学习工作站须具备良好的安全、照明和通风条件，可分为集中教学区、方案讨论区、成果展示区，并配置相应的文件服务器和多媒体教学系统等设备设施，面积以至少同时容纳35人开展教学活动为宜。

（2）工具、材料、设备

以个人为单位配备计算机图形工作站、工业设计软件（Rhino、Creo、KeyShot、Photoshop、Illustrator、CorelDRAW）、WPS办公软件、铅笔、针管笔、马克笔、橡皮、绘图纸、打印纸、油画笔。以小组为单位配备刮刀、砂纸、锉刀、丙烯颜料、3D打印耗材、3D打印机、读卡器。

（3）教学资料

以工作页为主，配备体育用品样品、工作任务书、工作计划表、教材、参考书、优秀作品范例、素材网站范例等教学资料。

续表

4. 教学管理制度

执行工学一体化教学场所的管理规定，如需要进行校外认识实习和岗位实践，应严格遵守生产性实训基地、企业实习实践等管理制度。

教学考核要求

本课程考核采用过程性考核和终结性考核相结合的方式，课程考核成绩 = 过程性考核成绩 ×60%+ 终结性考核成绩 ×40%。

1. 过程性考核（60%）

过程性考核成绩由 3 个参考性学习任务考核成绩构成。其中，滑板设计的考核成绩占比为 30%，健腹轮设计的考核成绩占比为 30%，运动头盔设计的考核成绩占比为 40%。

上述参考性学习任务的考核应以其学习目标为依据确定考核要点，设计考核项目。考核项目可分为技能考核类、学习成果类和通用能力观察类等类别，通过细化其评分细则，分别从专业能力、通用能力等维度对学生学习情况进行考核。

（1）技能考核类考核项目可包括产品资料的收集和分析、设计方案的确定、三维模型的创建、渲染场景的搭建、实物模型的制作、设计提案的展示汇报等关键操作技能和心智技能。

（2）学习成果类考核项目涉及各学习环节产出的学习成果，可运用调研报告、手绘效果图、三维模型、三维效果图、工程图和工艺文件、实物模型和设计提案等多种形式。

（3）通用能力观察类考核项目可包括理解与表达、交往与合作、自我管理、自主学习、解决问题、时间意识、环保意识、版权意识、审美意识、创新思维、爱岗敬业、专注严谨、精益求精的工匠精神等学生学习过程中表现出来的通用能力、职业素养或思政素养。

2. 终结性考核（40%）

终结性考核应围绕本课程目标，结合课程终结性考核要点，选择企业真实工作任务或设计学习任务进行考核。

考核任务案例：小型可收纳健腹轮设计

【情境描述】

某体育用品企业拟为白领女性设计开发一款小型可收纳的家用健腹轮，要求基于用户健身需求，从产品的美观性、经济性、可实施性出发，完成设计分析、草图设计、手绘效果图设计、三维效果图设计及设计提案制作。

【任务要求】

根据情境描述，在规定时间内完成以下任务：

（1）正确解读设计任务书，查阅相关资料，与教师沟通明确设计要求以及需要提交的成果；

（2）收集客户需求，基于调研报告及与教师沟通所了解的情况，制作健腹轮设计分析报告；

（3）按照情境描述的情况，完成一份 A3 横版纸质手绘效果图设计，含标题、设计分析、产品效果图、产品三视图和设计说明；

（4）根据手绘效果图方案，完成一份 A3 横版 JPG 格式三维效果图设计，含标题、两个不同视角的产品效果图、产品配色方案和设计说明，并将设计分析报告、手绘效果图和三维效果图整理成一份设计提案；

续表

（5）选用合适的工具和材料进行实物模型制作； （6）组织展示汇报设计成果，做好工作现场的清理和整顿。 【参考资料】 完成上述任务时，可以使用所有常见教学资料，如专业教材、参考书、演示视频、优秀作品范例、素材网站范例等。 （建议：终结性考核成果需要进行橱窗展览、多媒体展示，组织邀请相关专业教师对课程内容及完成情况做出综合评价与改进建议。）

（七）钟表设计课程标准

工学一体化课程名称	钟表设计	基准学时	150
典型工作任务描述			
钟表设计是工业设计师常见的工作任务之一。本任务中工业设计师主要负责钟表的草图设计、三维效果图设计、工程图及工艺文件输出、设计提案制作等工作。 工业设计师从设计主管处领取工作任务后，明确工作时间和设计要求，根据客户提供的样品完成钟表设计分析报告，在设计主管指导下，从产品的美观性、经济性、可实施性出发，完成草图设计、三维效果图设计、产品工程图设计、钟表模型制作。每个阶段完成后均需与设计主管沟通，根据反馈意见进行修改，按时交付最终设计成果并对设计资料进行分类、整理和归档。 工业设计师在完成工作的过程中，需要遵守专利法、著作权法、合同法、QB/T 4777—2014《指针式石英钟机心与钟壳的配合尺寸》等相关法律法规和行业标准，防止违法、违规、侵权等行为。同时应遵循文件制作、输出等设计要求及文件存储方式、资料存档等公司工作规范。			
工作内容分析			
工作对象： 1. 设计需求等信息的获取，工作任务要求的明确，个人工作计划的制订； 2. 钟表设计分析报告的制作； 3. 草图的绘制，方案的确定； 4. 手绘效果图的绘制，三维效果图的设计； 5. 产品工程图的绘制，钟表模型的制作，	**工具、材料、设备与资料：** 工具：铅笔、针管笔、马克笔、橡皮、刮刀、砂纸、锉刀； 材料：绘图纸、打印纸、卡纸、丙烯颜料、油泥、3D 打印耗材、机心、表带等； 设备：计算机图形工作站、工业设计软件（Rhino、KeyShot、Photoshop、Illustrator、CorelDRAW）、WPS 办公软件、3D 打印机、读卡器等； 资料：钟表样品、工作页、工作任务书、工作计划表、参考书、优秀作品范例、素材网站范例。	**工作要求：** 1. 认真阅读工作任务书，并根据工作任务书要求合理制订个人工作计划，明确时间节点与工作难点； 2. 根据客户提供的样品查阅相关资料，完成钟表设计分析报告； 3. 与客户沟通，从产品的美观性、经济性、可实施性出发，按时完成草图设计，由客户确定最优方案，注意知识产权，保证设计符合法律规定； 4. 根据客户确定的设计方案绘制三维效果图，并建立三维模型，完成造型生动、结构清晰、材质合理的三维效果图设计；	

续表

美观性、经济性、可实施性等目标的达成； 6. 完稿的导出和整理归档，设计成果的交付。	**工作方法：** 资料查阅法、归类整理法、观察法、递推法等。 **劳动组织方式：** 工业设计师（或团队）从设计主管处领取工作任务，与设计主管进行沟通，明确工作时间和设计要求，以独立或团队合作的方式完成钟表设计，交设计主管审核并修改。	5. 根据产品三维模型输出制作规范的工程图，选择合适的工具和材料完成钟表模型制作； 6. 在规定时间内按照行业标准和工作页要求交付设计成果，并按照工作规范完成资料和成果的分类、整理、归档工作。

课程目标

学习完本课程后，学生应能胜任常见的钟表设计工作，包括挂钟设计、腕表设计和定时器设计，严格遵守专利法、合同法、产品质量法、标准化法、商标法等相关法律法规，遵循文件制作、输出等设计要求及文件存储方式、资料存档等工作规范。

1. 能根据工作任务书要求合理制订个人工作计划，明确工作内容和交付期限；
2. 能根据钟表样品查阅相关资料，完成钟表设计分析报告，确保工作计划能顺利实施；
3. 能根据客户需求，从产品的美观性、经济性、可实施性出发，按时完成创意设计方案的草图设计，与教师沟通确定最优方案，并完成手绘效果图设计，注意知识产权，保证设计符合法律规定；
4. 能根据确定的设计方案建立三维模型，完成造型生动、结构清晰、材质合理的三维效果图设计；
5. 能根据产品三维模型输出制作规范的工程图，并与设计输入要求核对确认，做到认真细致；
6. 能选择合适的工具和材料完成钟表模型制作，在规定时间内按照行业标准和工作页要求交付设计成果，并进行资料和成果的分类、整理、归档工作。

学习内容

本课程主要学习内容包括：

1. 工作任务要求的明确

实践知识：QB/T 4777—2014《指针式石英钟机心与钟壳的配合尺寸》行业标准的查阅和解读，钟表的基本构造与功能的认识。

理论知识：钟表设计分类、趋势。

2. 工作计划与设计方案的制订

实践知识：钟表设计分析与设计定位。

理论知识：常见类型钟表的基本构造、功能、工艺。

3. 调研报告的制作与设计方案的确定

实践知识：专利法的内容解读，钟表产品资料的收集和分析，钟表产品调研报告的编写。

理论知识：对比法，调研报告体例格式。

4. 三维效果图的设计与实物模型的制作

实践知识：钟表木质材质、造型细节、基本结构的手绘，计算机三维建模，室外场景的渲染表现，室

续表

内场景的渲染表现，室内运动氛围渲染场景的搭建，实物模型的制作。

理论知识：木质材质的绘制原理，较为复杂形体的爆炸解析图绘制原理，手绘效果图、三维效果图的作用，3D 打印制作流程及工艺。

5. 工程图、工艺文件的输出与设计提案的制作

实践知识：工程图的制作，工艺文件的制作，设计提案的策划设计，设计提案的整理、排序。

理论知识：工程制图原理，木材基本工艺知识，多媒体幻灯片制作流程，设计提案制作技巧。

6. 设计成果的交付

实践知识：合同法、产品质量法、标准化法、商标法等相关法律法规的内容解读，钟表产品调研报告、手绘效果图、三维模型、三维效果图、工程图和工艺文件、实物模型、设计提案内容质量和数量的整理与核对。

理论知识：工作要求和行业标准成果交付要求。

7. 通用能力、职业素养、思政素养

理解与表达、交往与合作、自我管理、自主学习、解决问题、时间意识、环保意识、版权意识、审美意识、创新思维、爱岗敬业、专注严谨、精益求精的工匠精神等。

参考性学习任务

序号	名称	学习任务描述	参考学时
1	挂钟设计	某钟表公司拟开发一款新型创意石英挂钟，要求创意新颖、美观大方，兼具实用和装饰功能。该挂钟须使用指定单走时指针式石英钟机心，机心尺寸参考 QB/T 4777—2014《指针式石英钟机心与钟壳的配合尺寸》行业标准。最终输出 3D 打印文档并通过 3D 打印机完成 1∶1 模型制作。方案数量为一款。 学生从教师处领取工作任务后，根据工作任务书要求制订个人工作计划，独立或以小组形式开展工作。根据教师提供的挂钟样品收集相关素材，完成挂钟设计分析报告，并在教师指导下，从产品的美观性、经济性、可实施性出发，完成草图设计，确定挂钟的设计方案。根据设计方案进行草图设计，创建三维模型，完成三维效果图设计，选择合适的工具和材料完成挂钟实物比例模型制作。输出工程图和工艺文件，制作并提交完整的设计提案文件，并根据教师反馈意见进行修改。按时交付最终设计成果并对设计资料进行分类、整理和归档。 在工作过程中，需要遵守专利法、合同法、产品质量法、标准化法、商标法等相关法律法规，防止违法、违规、侵权等行为。同时应遵循文件制作、输出等设计要求及文件存储方式、资料存档等工作规范。	50
2	腕表设计	某钟表企业拟为现代女性开发一款适合搭配时装的时尚腕表。该腕表为指针式石英表，表壳采用不锈钢材质。外观尺寸范围为：表盘直径 28 mm，厚度 5 ~ 7 mm，表带宽度 12 mm。最终输出 3D 打印文档并	50

续表

2	腕表设计	通过 3D 打印机完成 1∶1 模型制作。方案数量为一款。 学生从教师处领取工作任务后，根据工作任务书要求制订个人工作计划，独立或以小组形式开展工作。根据教师提供的腕表样品收集相关素材，完成设计分析报告，并在教师指导下，从产品的美观性、经济性、可实施性出发，完成草图设计，确定腕表的设计方案。根据设计方案进行草图设计，创建三维模型，完成三维效果图设计，选择合适的工具和材料完成腕表实物比例模型制作。输出工程图和工艺文件，制作并提交完整的设计提案文件，并根据教师反馈意见进行修改。按时交付最终设计成果并对设计资料进行分类、整理和归档。 在工作过程中，需要遵守专利法、合同法、产品质量法、标准化法、商标法等相关法律法规，防止违法、违规、侵权等行为。同时应遵循文件制作、输出等设计要求及文件存储方式、资料存档等工作规范。	
3	定时器设计	某家居用品公司拟为中小学生开发一款学生专用定时器。要求外壳采用 ABS 材料，包含黑白液晶显示屏，设置键、小时键、分钟键、秒钟键、清零键和开始 / 停止键共六个按键以及三档音量调节拨动开关。背面留有挂绳孔和扬声孔，并包含折叠支架、电池仓和磁铁等结构，满足悬挂、吸附和摆放三种使用情境，外观尺寸在 80 mm × 90 mm × 20 mm 范围内。最终输出 3D 打印文档并通过 3D 打印机完成 1∶1 模型制作。方案数量为一款。 学生从教师处领取工作任务后，根据工作任务书要求制订个人工作计划，独立或以小组形式开展工作。根据教师提供的定时器样品收集相关素材，完成设计分析报告，并在教师指导下，从产品的美观性、经济性、可实施性出发，完成草图设计，确定定时器的设计方案。根据设计方案进行草图设计，创建三维模型，完成三维效果图设计，选择合适的工具和材料完成定时器实物比例模型制作。输出工程图和工艺文件，制作并提交完整的设计提案文件，并根据教师反馈意见进行修改。按时交付最终设计成果并对设计资料进行分类、整理和归档。 在工作过程中，需要遵守专利法、合同法、产品质量法、标准化法、商标法等相关法律法规，防止违法、违规、侵权等行为。同时应遵循文件制作、输出等设计要求及文件存储方式、资料存档等工作规范。	50

教学实施建议

1. 师资要求

教师须具备挂钟、腕表、定时器产品设计经验，了解企业设计流程，采用行动导向的教学方法，并具备本课程一体化课程教学设计与实施、一体化课程教学资源选择与应用等能力。

续表

2. 教学组织方式方法建议

采用行动导向的教学方法。为确保教学安全，合理使用实训设施设备，提高学习效果，建议采用分组教学的形式（4~6人/组），同时培养学生理解与表达、交往与合作、自我管理、自主学习、解决问题等通用能力。在完成工作任务的过程中，教师须加强示范与指导，注重学生时间意识、环保意识、版权意识、审美意识、创新思维等职业素养，爱岗敬业、专注严谨、精益求精的工匠精神等思政素养的培养。

有条件的地区，可通过引企入校或建立校外实训基地等方式，为学生提供真实的工作环境，由企业导师和专业教师协同教学。

3. 教学资源配备建议

（1）教学场地

学习工作站须具备良好的安全、照明和通风条件，可分为集中教学区、方案讨论区、成果展示区，并配置相应的文件服务器和多媒体教学系统等设备设施，面积以至少同时容纳35人开展教学活动为宜。

（2）工具、材料、设备

以个人为单位配备计算机图形工作站、工业设计软件（Rhino、Creo、KeyShot、Photoshop、Illustrator、CorelDRAW）、WPS办公软件、铅笔、针管笔、马克笔、橡皮、绘图纸、打印纸、卡纸。以小组为单位配备刮刀、砂纸、锉刀、丙烯颜料、3D打印耗材、3D打印机、读卡器、钟表机心、钟表指针、表带等配件。

（3）教学资料

以工作页为主，配备钟表样品、工作任务书、工作计划表、教材、参考书、优秀作品范例、素材网站范例等教学资料。

4. 教学管理制度

执行工学一体化教学场所的管理规定，如需要进行校外认识实习和岗位实践，应严格遵守生产性实训基地、企业实习实践等管理制度。

教学考核要求

本课程考核采用过程性考核和终结性考核相结合的方式，课程考核成绩 = 过程性考核成绩 ×60%+ 终结性考核成绩 ×40%。

1. 过程性考核（60%）

过程性考核成绩由3个参考性学习任务考核成绩构成。其中，挂钟设计的考核成绩占比为30%，腕表设计的考核成绩占比为30%，定时器设计的考核成绩占比为40%。

上述参考性学习任务的考核应以其学习目标为依据确定考核要点，设计考核项目。考核项目可分为技能考核类、学习成果类和通用能力观察类等类别，通过细化其评分细则，分别从专业能力、通用能力等维度对学生学习情况进行考核。

（1）技能考核类考核项目可包括产品资料的收集和分析、设计方案的确定、三维模型的创建、渲染场景的搭建、实物模型的制作、设计提案的展示汇报等关键操作技能和心智技能。

（2）学习成果类考核项目涉及各学习环节产出的学习成果，可运用调研报告、手绘效果图、三维模型、三维效果图、工程图和工艺文件、实物模型和设计提案等多种形式。

（3）通用能力观察类考核项目可包括理解与表达、交往与合作、自我管理、自主学习、解决问题、时间意识、环保意识、版权意识、审美意识、创新思维、爱岗敬业、专注严谨、精益求精的工匠精神等学生学习过程中表现出来的通用能力、职业素养或思政素养。

2. 终结性考核（40%）

终结性考核应围绕本课程目标，结合课程终结性考核要点，选择企业真实工作任务或设计学习任务进行考核。

考核任务案例：厨用定时器设计

【情境描述】

现代社会的生活、工作节奏日益加快，当人们在厨房忙碌时常被突发事情打断，因忘记时间而产生一定的安全隐患，因此有必要设计一款厨用定时器来帮助人们管理时间。

【任务要求】

根据情境描述，在规定时间内完成以下任务：

（1）正确解读设计任务书，查阅相关资料，与教师沟通明确设计要求以及需要提交的成果；

（2）收集客户需求，基于调研报告及与教师沟通所了解的情况，制作厨用定时器设计分析报告；

（3）按照情境描述的情况，完成一份A3横版纸质手绘效果图设计，含标题、设计分析、产品效果图、产品三视图和设计说明；

（4）根据手绘效果图方案，完成一份A3横版JPG格式三维效果图设计，含标题、两个不同视角的产品效果图、产品配色方案和设计说明，并将设计分析报告、手绘效果图和三维效果图整理成一份设计提案；

（5）选用合适的工具和材料进行实物模型制作；

（6）组织展示汇报设计成果，做好工作现场的清理和整顿。

【参考资料】

完成上述任务时，可以使用所有常见教学资料，如专业教材、参考书、演示视频、优秀作品范例、素材网站范例等。

（建议：终结性考核成果需要进行橱窗展览、多媒体展示，组织邀请相关专业教师对课程内容及完成情况做出综合评价与改进建议。）

（八）美妆产品设计课程标准

工学一体化课程名称	美妆产品设计	基准学时	150
典型工作任务描述			
美妆产品设计是工业设计师常见的工作任务之一。在本任务中，工业设计师主要负责手绘效果图设计、实物模型制作、三维效果图设计、工程图及工艺文件输出、设计提案制作等工作。 工业设计师与客户沟通后获取设计需求，制定设计规划，明确工作时间。运用工业设计研究工具和方法，独立或合作开展设计分析与设计定位，从产品的人性化、经济性、创新性、环保性、可持续性出发，完成调研报告制作、手绘效果图设计、三维效果图设计，按照行业标准输出工程图和工艺文件，与结构工程师和原型制作工程师进行专业沟通，并根据反馈意见沟通改进方案，制作并提交完整的设计提案文			

续表

<table>
<tr><td colspan="3">件。每个阶段完成后均需与设计主管沟通，按时交付最终设计成果并对设计资料进行分类、整理和归档。
工业设计师在完成工作的过程中，需要遵守专利法、合同法、产品质量法、标准化法、商标法、GB/T 35455—2017《家用和类似用途电器工业设计评价规则》、GB/T 36419—2018《家用和类似用途皮肤美容器》等相关法律法规和国家标准，防止违法、违规、侵权等行为。同时应遵循文件制作、输出等设计要求及文件存储方式、资料存档等公司工作规范。</td></tr>
<tr><td colspan="3">工作内容分析</td></tr>
<tr>
<td>工作对象：
1. 工作任务要求的明确，工作计划的制订；
2. 客户的沟通，设计需求等信息的获取，调研报告的制作，设计方向的确定；
3. 手绘效果图和三维效果图的设计；
4. 实物模型的制作；
5. 工程图、工艺文件的输出，设计提案的制作；
6. 设计成品的交付。</td>
<td>工具、材料、设备与资料：
工具：铅笔、针管笔、马克笔、橡皮、刮刀、砂纸、锉刀；
材料：绘图纸、打印纸、卡纸、油泥、丙烯颜料、木板、3D 打印耗材；
设备：计算机图形工作站、工业设计软件（Rhino、Creo、KeyShot、Photoshop、Illustrator、CorelDRAW）、WPS 办公软件、3D 打印机、小型激光切割机、读卡器；
资料：工作页、工作任务书、工作计划表、参考书、优秀作品范例、素材网站范例。
工作方法：
访谈法、对比法、图示法、演绎法、综合法等。
劳动组织方式：
工业设计师（或团队）从设计主管处领取工作任务，与设计主管进行沟通，明确工作时间和设计要求，以独立或团队合作的方式完成设计，交设计主管审核并修改。</td>
<td>工作要求：
1. 根据工作任务书要求合理制订工作计划，明确工作内容和交付期限；
2. 与客户沟通，从产品的人性化、经济性、创新性、环保性、可持续性出发，完成美妆产品调研报告制作、手绘效果图方案表达，确定设计方向；
3. 根据确定的设计方向熟练操作工业设计软件，建立包含基本结构特征的三维模型，推敲设计细节，完成三维效果图及版式设计，与客户沟通后根据反馈意见改进方案；
4. 选择合适的工具和材料完成实物模型制作，验证设计方案；
5. 按照行业标准输出工程图和工艺文件，与结构工程师和原型制作工程师进行专业沟通，并根据反馈意见改进方案。在规定的时间内制作完成设计提案并汇报展示；
6. 按照行业标准和公司规范管理设计工作，交付设计成果，并进行资料和成果的分类、整理、归档工作，保证设计符合法律规定。</td>
</tr>
<tr><td colspan="3">课程目标</td></tr>
<tr><td colspan="3">学习完本课程后，学生应能胜任常见的美妆产品设计工作，包括美发棒设计、补水仪设计和脱毛器设计等。严格遵守专利法、合同法、产品质量法、标准化法、商标法等相关法律法规，遵循文件制作、输出等设计要求及文件存储方式、资料存档等工作规范。
1. 能根据工作任务书要求合理制订工作计划，明确工作内容和交付期限；</td></tr>
</table>

续表

2. 能根据客户需求，从产品的人性化、经济性、创新性、环保性、可持续性出发，完成调研报告制作、手绘效果图方案表达，确定设计方向；

3. 能根据确定的设计方向熟练操作工业设计软件，建立包含基本结构特征的三维模型，推敲设计细节，完成三维效果图及版式设计，与客户沟通后根据反馈意见改进设计方案；

4. 能选择合适的工具和材料完成实物模型制作，验证设计方案；

5. 能按照行业标准输出工程图和工艺文件，交付设计成果；

6. 能在规定时间内制作完成设计提案并汇报展示，按照行业标准和公司规范管理设计工作，交付设计成果，并进行资料和成果的分类、整理、归档工作，保证设计符合法律规定。

学习内容

本课程主要学习内容包括：

1. 设计调研与报告撰写

实践知识：GB/T 36419—2018《家用和类似用途皮肤美容器》国家标准的查阅和解读，美妆产品调研报告的撰写。

理论知识：美妆产品分类、品牌、风格、设计趋势，常见美妆产品的基本构造、功能、色彩、材料、工艺。

2. 手绘效果图设计

实践知识：美妆产品塑料材质、造型细节、基本结构的手绘。

理论知识：塑料材质的绘制原理，简单形体的爆炸解析图绘制原理。

3. 三维模型制作和三维效果图设计

实践知识：美妆产品的计算机三维建模，室内桌面场景的渲染表现。

理论知识：美妆产品三维效果图的作用、注意事项。

4. 实物模型的制作

实践知识：综合材料的实物模型制作。

理论知识：综合材料的特性，3D 打印制作流程及工艺。

5. 工程图、工艺文件的输出

实践知识：工程图的制作，工艺文件的制作。

理论知识：工程制图原理，塑料的基本工艺知识。

6. 设计提案的制作

实践知识：设计提案的策划设计，设计提案的整理、排序。

理论知识：多媒体幻灯片制作流程，设计提案制作技巧。

7. 设计成果的交付

实践知识：合同法、产品质量法、标准化法、商标法等相关法律法规的内容解读，美妆产品调研报告、手绘效果图、三维模型、三维效果图、工程图和工艺文件、实物模型、设计提案内容质量和数量的整理与核对。

理论知识：工作要求和行业标准成果交付要求。

续表

8. 通用能力、职业素养、思政素养 理解与表达、交往与合作、自我管理、自主学习、解决问题、时间意识、环保意识、版权意识、审美意识、创新思维、爱岗敬业、专注严谨、精益求精的工匠精神等。

参考性学习任务

序号	名称	学习任务描述	参考学时
1	美发棒设计	某美容用品公司计划为职场女性开发一款家用美发棒，要求造型新颖、外观时尚，符合职业女性人群的日常美发需求。要求外观尺寸在 280 mm × 30 mm × 30 mm 范围内，加热板尺寸为 75 mm × 20 mm。夹板可开合，需含有电源键、温度调整键、温度指示灯和闭合锁扣，通过 360° 旋转尾线外接 220 V 电源。预计零售价为 199 ~ 299 元。 学生从教师处领取工作任务后，明确设计要求，制订工作计划，独立或以小组形式开展工作。运用工业设计研究工具和方法，独立或合作开展设计分析与设计定位，从产品的人性化、经济性、创新性、环保性出发，完成调研报告制作和手绘效果图绘制，并根据确定方案完成三维模型制作和三维效果图设计。按照行业标准输出工程图和工艺文件，与教师进行专业沟通，并根据反馈意见改进方案，制作并提交完整的设计提案文件。每个阶段完成后均需与教师沟通，按时交付最终设计成果并对设计资料进行分类、整理和归档。必要时可通过 3D 打印等方式完成造型推敲、实物模型制作。 在工作过程中，操作者必须严格执行安全操作规程、企业质量体系管理制度、“7S”管理制度等企业管理规定。工作完成后，对文件归档整理，维护工作设备，保持工作场所整洁有序，并注意版权及授权范围，保证设计符合国家法律规定。	50
2	补水仪设计	某美容用品公司计划为职场女性开发一款家用台式补水仪，要求造型新颖、外观时尚，符合职业女性人群的日常美容补水需求。要求外观尺寸在 200 mm × 200 mm × 200 mm 范围内，支持冷热蒸汽切换，主体包含喷头、可拆卸式水箱和独立开关，外接 220 V 电源，预计零售价为 199 ~ 299 元。 学生从教师处领取工作任务后，明确设计要求，制订工作计划，独立或以小组形式开展工作。运用工业设计研究工具和方法，独立或合作开展设计分析与设计定位，从产品的人性化、经济性、创新性、可持续性出发，完成调研报告制作和手绘效果图绘制，并根据确定方案完成三维模型制作和三维效果图设计。按照行业标准输出工程图和工	50

续表

2	补水仪设计	艺文件，与教师进行专业沟通，并根据反馈意见改进方案，制作并提交完整的设计提案文件。每个阶段完成后均需与教师沟通，按时交付最终设计成果并对设计资料进行分类、整理和归档。必要时可通过 3D 打印等方式完成造型推敲、实物模型制作。 在工作过程中，操作者必须严格执行安全操作规程、企业质量体系管理制度、“7S”管理制度等企业管理规定。工作完成后，对文件归档整理，维护工作设备，保持工作场所整洁有序，并注意版权及授权范围，保证设计符合国家法律规定。	
3	脱毛器设计	某美容用品公司计划为职场女性开发一款家用冰点脱毛器，要求造型新颖、外观时尚，符合职业女性人群日常脱毛需求。需适合女性单手抓握，全身多部位使用。要求外观尺寸在 150 mm × 200 mm × 100 mm 范围内，配备冰点激光头、LCD 数字显示屏、独立开关、挡位选择开关，外接 220 V 电源，预计零售价为 599 ~ 999 元。 学生从教师处领取工作任务后，明确设计要求，制订工作计划，独立或以小组形式开展工作。运用工业设计研究工具和方法，独立或合作开展设计分析与设计定位，从产品的人性化、经济性、创新性、环保性、可持续性出发，完成调研报告制作和手绘效果图绘制，并根据确定方案完成三维模型制作和三维效果图设计。按照行业标准输出工程图和工艺文件，与教师进行专业沟通，并根据反馈意见改进方案，制作并提交完整的设计提案文件。每个阶段完成后均需与教师沟通，按时交付最终设计成果并对设计资料进行分类、整理和归档。必要时可通过 3D 打印等方式完成造型推敲、实物模型制作。 在工作过程中，操作者必须严格执行安全操作规程、企业质量体系管理制度、“7S”管理制度等企业管理规定。工作完成后，对文件归档整理，维护工作设备，保持工作场所整洁有序，并注意版权及授权范围，保证设计符合国家法律规定。	50

教学实施建议

1. 师资要求

教师须具备美发棒、补水仪、脱毛器产品设计经验，了解企业设计流程，并具备本课程一体化课程教学设计与实施、一体化课程教学资源选择与应用等能力。

2. 教学组织方式方法建议

采用行动导向的教学方法。为确保教学安全，合理使用实训设施设备，提高学习效果，建议采用分组教学的形式（4 ~ 6 人 / 组），同时培养学生理解与表达、交往与合作、自我管理、自主学习、解决问题等通用能力。在完成工作任务的过程中，教师须加强示范与指导，注重学生时间意识、环保意识、版权意识、审美意识、创新思维等职业素养，爱岗敬业、专注严谨、精益求精的工匠精神等思政素养的培养。

续表

有条件的地区，可通过引企入校或建立校外实训基地等方式，为学生提供真实的工作环境，由企业导师和专业教师协同教学。

3. 教学资源配备建议

（1）教学场地

学习工作站须具备良好的安全、照明和通风条件，可分为集中教学区、方案讨论区、成果展示区，并配置相应的文件服务器和多媒体教学系统等设备设施，面积以至少同时容纳 35 人开展教学活动为宜。

（2）工具、材料、设备

以个人为单位配备计算机图形工作站、工业设计软件（Rhino、Creo、KeyShot、Photoshop、Illustrator、CorelDRAW）、WPS 办公软件、铅笔、针管笔、马克笔、橡皮、绘图纸、打印纸、卡纸。以小组为单位配备刮刀、砂纸、锉刀、丙烯颜料、3D 打印耗材、3D 打印机、读卡器。

（3）教学资料

以工作页为主，配备美妆产品样品、工作任务书、工作计划表、教材、参考书、优秀作品范例、素材网站范例等教学资料。

4. 教学管理制度

执行工学一体化教学场所的管理规定，如需要进行校外认识实习和岗位实践，应严格遵守生产性实训基地、企业实习实践等管理制度。

教学考核要求

本课程考核采用过程性考核和终结性考核相结合的方式，课程考核成绩 = 过程性考核成绩 ×60%+ 终结性考核成绩 ×40%。

1. 过程性考核（60%）

过程性考核成绩由 3 个参考性学习任务考核成绩构成。其中，美发棒设计的考核成绩占比为 30%，补水仪设计的考核成绩占比为 30%，脱毛器设计的考核成绩占比为 40%。

上述参考性学习任务的考核应以其学习目标为依据确定考核要点，设计考核项目。考核项目可分为技能考核类、学习成果类和通用能力观察类等类别，通过细化其评分细则，分别从专业能力、通用能力等维度对学生学习情况进行考核。

（1）技能考核类考核项目可包括产品资料的收集和分析、设计方案的确定、三维模型的创建、渲染场景的搭建、实物模型的制作、设计提案的展示汇报等关键操作技能和心智技能。

（2）学习成果类考核项目涉及各学习环节产出的学习成果，可运用调研报告、手绘效果图、三维模型、三维效果图、工程图和工艺文件、实物模型和设计提案等多种形式。

（3）通用能力观察类考核项目可包括理解与表达、交往与合作、自我管理、自主学习、解决问题、时间意识、环保意识、版权意识、审美意识、创新思维、爱岗敬业、专注严谨、精益求精的工匠精神等学生学习过程中表现出来的通用能力、职业素养或思政素养。

2. 终结性考核（40%）

终结性考核应围绕本课程目标，结合课程终结性考核要点，选择企业真实工作任务或设计学习任务进行考核。

续表

考核任务案例：便携式补水仪设计
【情境描述】 某美妆产品企业拟为职场女性开发一款便携式补水仪，采用锂电池供电，独立开关，Micro USB 接口，造型生动小巧。 【任务要求】 根据情境描述，在规定时间内完成以下任务： （1）收集客户需求，基于调研报告及与教师沟通所了解的情况，制作便携式补水仪设计分析报告； （2）按照情境描述的情况，完成一份 A3 横版纸质手绘效果图设计，含标题、设计分析、产品效果图、产品三视图、产品使用情境和设计说明； （3）根据手绘效果图方案，完成一份 A3 横版 JPG 格式三维效果图设计，含标题、两个不同视角的产品效果图、产品配色方案和设计说明； （4）将设计分析报告、手绘效果图和三维效果图整理成一份设计提案； （5）组织设计汇报，与教师沟通进行优化调整，确定最终设计方案。 在工作过程中，操作者必须严格执行安全操作规程、企业质量体系管理制度、“7S”管理制度等企业管理规定。工作完成后，对文件归档整理，维护工作设备，保持工作场所整洁有序，并注意版权及授权范围，保证设计符合国家法律规定。 【参考资料】 完成上述任务时，可以使用所有常见教学资料，如专业教材、参考书、演示视频、优秀作品范例、素材网站范例等。 （建议：终结性考核成果需要进行橱窗展览、多媒体展示，组织邀请相关专业教师对课程内容及完成情况做出综合评价与改进建议。）

（九）小家电设计课程标准

工学一体化课程名称	小家电设计	基准学时	120
典型工作任务描述			
小家电设计是工业设计师常见的工作任务之一。在本任务中，工业设计师主要负责小家电的草图设计、三维效果图设计、工程图及工艺文件输出、设计提案制作等工作。 工业设计师从设计主管处领取工作任务后，明确工作时间和设计要求。按照设计主管提供的设计调研思路和设计分析方法，独立或合作开展设计分析与设计定位，制订合理的工作计划和设计方案。从产品的人性化、经济性、创新性、环保性、可持续性出发进行必要的调研，完成调研报告制作，确定设计方案。根据设计方案进行草图设计，创建三维模型，完成三维效果图设计，选择合适的工具和材料完成实物模型制作。输出可与结构工程师对接的工程图，输出可与原型制作工程师对接的工艺文件，制作并提交完整的设计提案文件，并根据反馈意见进行修改。按时交付最终设计成果并对设计资料进行分类、整理和归档。			

续表

工业设计师在完成工作的过程中，需要国家专利法、合同法、产品质量法、标准化法、商标法、GB/T 35455—2017《家用和类似用途电器工业设计评价规则》等相关法律法规和国家标准，防止违法、违规、侵权等行为。同时应遵循文件制作、输出等设计要求及文件存储方式、资料存档等公司工作规范。		
工作内容分析		
工作对象： 1. 工作任务要求的明确； 2. 工作计划和设计方案的制订； 3. 调研报告的制作与设计方案的确定； 4. 三维效果图的设计与实物模型的制作； 5. 工程图、工艺文件的输出与设计提案的制作； 6. 设计成果的交付。	**工具、材料、设备与资料：** 工具：铅笔、针管笔、马克笔、橡皮、刮刀、砂纸、锉刀； 材料：绘图纸、打印纸、卡纸、油泥、丙烯颜料、木板、3D 打印耗材； 设备：计算机图形工作站、工业设计软件（Rhino、Creo、KeyShot、Photoshop、Illustrator、CorelDRAW）、WPS 办公软件、3D 打印机、小型激光切割机、读卡器； 资料：工作页、工作任务书、工作计划表、参考书、优秀作品范例、素材网站范例。 **工作方法：** 访谈法、设计分析法、问卷法、对比法、图示法、演绎法、综合法等。 **劳动组织方式：** 工业设计师（或团队）从设计主管处领取工作任务，与设计主管进行沟通，明确工作时间和设计要求，以独立或团队合作的方式完成设计，交设计主管审核并修改。	**工作要求：** 1. 根据工作任务书要求，明确工作内容和交付期限； 2. 根据设计主管提供的设计调研思路和设计分析方法开展设计分析与设计定位，制订工作计划和合理的设计方案，确保工作计划能顺利实施； 3. 根据客户需求，从产品的人性化、经济性、创新性、环保性、可持续性出发进行必要的调研，完成调研报告制作，确保设计方案可行； 4. 根据设计方案进行草图设计，创建三维模型，完成三维效果图设计，选择合适的工具和材料完成实物比例模型制作，确保草图美观、三维模型结构合理、三维效果图版式合理、实物模型逼真； 5. 按照行业标准输出工程图和工艺文件，与结构工程师和原型制作工程师进行专业沟通，并根据反馈意见改进方案，在规定的时间制作完成设计提案并汇报展示，确保提案内容全面，汇报思路清晰； 6. 按照行业标准和公司规范管理设计工作，交付设计成果，并进行资料和成果的分类、整理、归档工作，保证设计符合法律规定。
课程目标		
学习完本课程后，学生应能胜任常见的小家电产品设计工作，包括插线板设计、便携风扇设计和电吹风设计等。严格遵守专利法、合同法、产品质量法、标准化法、商标法、GB/T 35455—2017《家用和类似用途电器工业设计评价规则》等相关法律法规和国家标准，遵循文件制作、输出等设计要求及文件存储方式、资料存档等工作规范。 1. 能根据工作任务书要求，查阅和解读 GB/T 35455—2017《家用和类似用途电器工业设计评价规则》国家标准，明确工作内容和交付期限；		

2. 能根据设计主管提供的设计调研思路和设计分析方法开展设计分析与设计定位，制订合理的设计方案和工作计划，确保工作计划能顺利实施；

3. 能根据客户需求，从产品的人性化、经济性、创新性、环保性、可持续性出发进行必要的调研，完成调研报告制作，确保设计方案可行；

4. 能根据设计方案进行草图设计，创建三维模型，完成三维效果图设计，选择合适的工具和材料完成实物模型制作，确保草图美观、三维模型结构合理、三维效果图版式合理、实物模型逼真；

5. 能按照行业标准输出工程图和工艺文件，与结构工程师和原型制作工程师进行专业沟通，并根据反馈意见沟通改进方案，在规定的时间内制作完成设计提案并汇报展示，确保提案内容全面，汇报思路清晰；

6. 按照行业标准和公司规范管理设计工作，交付设计成果，并进行资料和成果的分类、整理、归档工作，保证设计符合法律规定。

学习内容

本课程主要学习内容包括：

1. 工作任务要求的明确

实践知识：GB/T 35455—2017《家用和类似用途电器工业设计评价规则》国家标准的查阅和解读。

理论知识：小家电产品分类、品牌、风格、设计趋势。

2. 工作计划与设计方案的制订

实践知识：小家电产品设计分析与设计定位。

理论知识：常见小家电产品的基本构造、功能、工艺。

3. 调研报告的制作与设计方案的确定

实践知识：专利法的内容解读，小家电产品资料的收集和分析，小家电产品调研报告的编写。

理论知识：对比法，调研报告体例格式。

4. 三维效果图的设计与实物模型的制作

实践知识：小家电产品塑料材质、造型细节、基本结构的手绘，计算机三维建模，室内家居场景的渲染表现，室内家居渲染场景的搭建，实物模型的制作。

理论知识：塑料材质的绘制原理，较为复杂形体的爆炸解析图绘制原理，手绘效果图、三维效果图的作用，3D 打印制作流程及工艺。

5. 工程图、工艺文件的输出与设计提案的制作

实践知识：工程图的制作，工艺文件的制作，设计提案的策划设计，设计提案的整理、排序。

理论知识：工程制图原理，塑料基本工艺知识，多媒体幻灯片制作流程，设计提案制作技巧。

6. 设计成果的交付

实践知识：合同法、产品质量法、标准化法、商标法等相关法律法规的内容解读，小家电产品调研报告、手绘效果图、三维模型、三维效果图、工程图和工艺文件、实物模型、设计提案内容质量和数量的整理与核对。

理论知识：工作要求和行业标准成果交付要求。

7. 通用能力、职业素养、思政素养

理解与表达、交往与合作、自我管理、自主学习、解决问题、时间意识、环保意识、版权意识、审美意识、创新思维、爱岗敬业、专注严谨、精益求精的工匠精神等。

续表

参考性学习任务			
序号	名称	学习任务描述	参考学时
1	插线板设计	某电气设备公司计划为家庭场景开发一款插线板，要求简洁现代、造型新颖，符合家居使用的需求，要求外观尺寸在 300 mm × 50 mm × 50 mm 范围内，需含有开关键、指示灯，至少搭配 3 组新国标组合孔、3 个 USB 端口、1.8 m 电源线，预计零售价在 99 元内。 学生从教师处领取工作任务后，明确工作时间和设计要求。按照教师提供的设计调研思路和设计分析方法，查阅插线板产品的相关设计资料，分析插线板的特点，运用工业设计研究工具和方法，独立或合作开展设计分析与设计定位，制订合理的工作计划和设计方案。从插线板的人性化、经济性、创新性、环保性、可持续性出发进行必要的调研，完成调研报告制作，确定插线板的设计方案。根据设计方案进行草图设计，创建三维模型，完成三维效果图设计，选择合适的工具和材料完成插线板实物比例模型制作。输出工程图和工艺文件，制作并提交完整的设计提案文件，并根据教师的反馈意见进行修改。按时交付最终设计成果并对设计资料进行分类、整理和归档。 在工作过程中，需要遵守专利法、合同法、产品质量法、标准化法、商标法、GB/T 35455—2017《家用和类似用途电器工业设计评价规则》等相关法律法规和国家标准，防止违法、违规、侵权等行为。同时应遵循文件制作、输出等设计要求及文件存储方式、资料存档等工作规范。	40
2	便携风扇设计	某时尚小家电开发公司计划为年轻女性开发一款手持风扇，要求携带方便、造型时尚、轻便精致，符合对应受众人群的需求，外观尺寸在 200 mm × 80 mm × 50 mm 范围内，可手持、可独立放置，支持 3 挡调节，内置 2 000 mAh 电池、Type-C 充电接口，预计零售价在 99 元内。 学生从教师处领取工作任务后，明确工作时间和设计要求。按照教师提供的设计调研思路和设计分析方法，查阅便携风扇产品的相关设计资料，分析便携风扇的特点，运用工业设计研究工具和方法，独立或合作开展设计分析与设计定位，制订合理的工作计划和设计方案。从便携风扇的人性化、经济性、创新性、环保性、可持续性出发进行必要的调研，完成调研报告制作，确定便携风扇的设计方案。根据设计方案进行草图设计，创建三维模型，完成三维效果图设计，选择合适的工具和材料完成便携风扇实物比例模型制作。输出工程图和工艺文件，制作并提交完整的设计提案文件，并根据教师的反馈意见进行修改。按时交付最终设计成果并对设计资料进行分类、整理和归档。	40

续表

2	便携风扇设计	在工作过程中，需要遵守专利法、合同法、产品质量法、标准化法、商标法、GB/T 35455—2017《家用和类似用途电器工业设计评价规则》等相关法律法规和国家标准，防止违法、违规、侵权等行为。同时应遵循文件制作、输出等设计要求及文件存储方式、资料存档等工作规范。	
3	电吹风设计	某美业家电产品研发公司计划为家居生活场景开发一款电吹风，要求收纳方便、造型时尚新颖，符合该类场景的需求，外观尺寸在 200 mm × 100 mm × 250 mm 范围内，可根据需要进行折叠收纳设计、可拆卸设计，具备 3 挡风速调节开关、电源及模式指示灯、可拆卸风嘴，重量合计约 600 g，预计零售价为 199 ~ 299 元。 学生从教师处领取工作任务后，明确工作时间和设计要求。按照教师提供的设计调研思路和设计分析方法，查阅电吹风产品的相关设计资料，分析电吹风的特点，运用工业设计研究工具和方法，独立或合作开展设计分析与设计定位，制订合理的工作计划和设计方案。从电吹风的人性化、经济性、创新性、环保性、可持续性出发进行必要的调研，完成调研报告制作，确定电吹风的设计方案。根据设计方案进行草图设计，创建三维模型，完成三维效果图设计，选择合适的工具和材料完成电吹风实物比例模型制作。输出工程图和工艺文件，制作并提交完整的设计提案文件，并根据教师的反馈意见进行修改。按时交付最终设计成果并对设计资料进行分类、整理和归档。 在工作过程中，需要遵守专利法、合同法、产品质量法、标准化法、商标法、GB/T 35455—2017《家用和类似用途电器工业设计评价规则》等相关法律法规和国家标准，防止违法、违规、侵权等行为。同时应遵循文件制作、输出等设计要求及文件存储方式、资料存档等工作规范。	40

教学实施建议

1. 师资要求

教师须具备插线板、便携风扇、电吹风产品设计经验，了解企业设计流程，并具备本课程一体化课程教学设计与实施、一体化课程教学资源选择与应用等能力。

2. 教学组织方式方法建议

采用行动导向的教学方法。为确保教学安全，合理使用实训设施设备，提高学习效果，建议采用分组教学的形式（4 ~ 6 人 / 组），同时培养学生理解与表达、交往与合作、自我管理、自主学习、解决问题等通用能力。在完成工作任务的过程中，教师须加强示范与指导，注重学生时间意识、环保意识、版权意识、审美意识、创新思维等职业素养，爱岗敬业、专注严谨、精益求精的工匠精神等思政素养的培养。

有条件的地区，可通过引企入校或建立校外实训基地等方式，为学生提供真实的工作环境，由企业导

续表

师和专业教师协同教学。

3. 教学资源配备建议

（1）教学场地

学习工作站须具备良好的安全、照明和通风条件，可分为集中教学区、方案讨论区、成果展示区，并配置相应的文件服务器和多媒体教学系统等设备设施，面积以至少同时容纳 35 人开展教学活动为宜。

（2）工具、材料、设备

以个人为单位配备计算机图形工作站、工业设计软件（Rhino、Creo、KeyShot、Photoshop、Illustrator、CorelDRAW）、WPS 办公软件、铅笔、针管笔、马克笔、橡皮、绘图纸、打印纸、卡纸。以小组为单位配备刮刀、砂纸、锉刀、丙烯颜料、3D 打印耗材、3D 打印机、读卡器。

（3）教学资料

以工作页为主，配备小家电产品样品、工作任务书、工作计划表、教材、参考书、优秀作品范例、素材网站范例等教学资料。

4. 教学管理制度

执行工学一体化教学场所的管理规定，如需要进行校外认识实习和岗位实践，应严格遵守生产性实训基地、企业实习实践等管理制度。

教学考核要求

本课程考核采用过程性考核和终结性考核相结合的方式，课程考核成绩 = 过程性考核成绩 ×60%+ 终结性考核成绩 ×40%。

1. 过程性考核（60%）

过程性考核成绩由 3 个参考性学习任务考核成绩构成。其中，插线板设计的考核成绩占比为 30%，便携风扇设计的考核成绩占比为 30%，电吹风设计的考核成绩占比为 40%。

上述参考性学习任务的考核应以其学习目标为依据确定考核要点，设计考核项目。考核项目可分为技能考核类、学习成果类和通用能力观察类等类别，通过细化其评分细则，分别从专业能力、通用能力等维度对学生学习情况进行考核。

（1）技能考核类考核项目可包括产品资料的收集和分析、设计方案的确定、三维模型的创建、渲染场景的搭建、实物模型的制作、设计提案的展示汇报等关键操作技能和心智技能。

（2）学习成果类考核项目涉及各学习环节产出的学习成果，可运用调研报告、手绘效果图、三维模型、三维效果图、工程图和工艺文件、实物模型和设计提案等多种形式。

（3）通用能力观察类考核项目可包括理解与表达、交往与合作、自我管理、自主学习、解决问题、时间意识、环保意识、版权意识、审美意识、创新思维、爱岗敬业、专注严谨、精益求精的工匠精神等学生学习过程中表现出来的通用能力、职业素养或思政素养。

2. 终结性考核（40%）

终结性考核应围绕本课程目标，结合课程终结性考核要点，选择企业真实工作任务或设计学习任务进行考核。

考核任务案例：电动剃须刀设计

【情境描述】

某美业家电公司计划开发一款电动剃须刀，要求收纳方便、造型简约。

【任务要求】

根据情境描述，在规定时间内完成以下任务：

（1）正确解读设计任务书，查阅相关资料，与教师沟通明确设计要求以及需要提交的成果；

（2）收集客户需求，基于调研报告及与教师沟通所了解的情况，制作电动剃须刀设计分析报告；

（3）按照情境描述的情况，完成一份 A3 横版纸质手绘效果图设计，含标题、设计分析、产品效果图、产品三视图、产品使用情境和设计说明；

（4）根据手绘效果图方案，完成一份 A3 横版 JPG 格式三维效果图设计，含标题、两个不同视角的产品效果图、产品配色方案和设计说明，并将设计分析报告、手绘效果图和三维效果图整理成一份设计提案；

（5）选用合适的工具和材料进行实物模型制作；

（6）组织展示汇报设计成果，做好工作现场的清理和整顿。

【参考资料】

完成上述任务时，可以使用所有常见教学资料，如专业教材、参考书、演示视频、优秀作品范例、素材网站范例等。

（建议：终结性考核成果需要进行橱窗展览、多媒体展示，组织邀请相关专业教师对课程内容及完成情况做出综合评价与改进建议。）

（十）户外电子产品设计课程标准

一体化课程名称	户外电子产品设计	基准学时	120
典型工作任务描述			
户外电子设计是工业设计师常见的工作任务之一。在本任务中，工业设计师主要负责户外电子产品的草图设计、三维效果图设计、工程图及工艺文件输出、设计提案制作等工作。 工业设计师与客户沟通后获取设计需求，明确工作时间和设计要求。运用工业设计研究工具和方法，独立或合作开展设计分析与设计定位，从产品的人性化、经济性、创新性、环保性、可持续性出发，完成调研报告制作、设计草图设计、三维效果图设计，输出可与结构工程师对接的工程图，输出可与原型制作工程师对接的工艺文件，制作并提交完整的设计提案文件。每个阶段完成后均需与设计主管沟通，根据反馈意见进行修改，按时交付最终设计成果并对设计资料进行分类、整理和归档。 工业设计师在完成工作的过程中，需要遵守专利法、合同法、产品质量法、标准化法、商标法等相关法律法规，防止违法、违规、侵权等行为。同时应遵循文件制作、输出等设计要求及文件存储方式、资料存档等公司工作规范。			

续表

工作内容分析		
工作对象： 1. 工作任务要求的明确，工作计划的制订； 2. 客户的沟通，设计需求等信息的获取，调研报告的制作，设计方向的确定； 3. 三维效果图的设计； 4. 实物模型的制作，工程图、工艺文件的输出，设计提案的制作； 5. 人性化、经济性、创新性、环保性、可持续性目标的达成； 6. 设计成品的交付。	**工具、材料、设备与资料：** 1. 工具：铅笔、针管笔、马克笔、橡皮、刮刀、砂纸、锉刀； 2. 材料：绘图纸、打印纸、卡纸、油泥、丙烯颜料、木板、3D 打印耗材； 3. 设备：计算机图形工作站、工业设计软件（Rhino、Creo、KeyShot、Photoshop、Illustrator、CorelDRAW）、WPS 办公软件、3D 打印机、小型激光切割机、读卡器； 4. 资料：工作页、工作任务书、工作计划表、参考书、优秀作品范例、素材网站范例。 **工作方法：** 访谈法、对比法、图示法、演绎法、综合法等。 **劳动组织方式：** 工业设计师（或团队）从设计主管处领取工作任务，与设计主管进行沟通，明确工作时间和设计要求，以独立或团队合作的方式完成设计，交设计主管审核并修改。	**工作要求：** 1. 根据工作任务书要求合理制订工作计划，明确工作内容和交付期限； 2. 与客户沟通，从产品的人性化、经济性、创新性、环保性、可持续性出发，完成户外电子产品调研报告制作、手绘效果图方案表达，确定设计方向； 3. 根据确定的设计方向熟练操作工业设计软件，建立包含基本结构特征的三维模型，推敲设计细节，完成三维效果图及版式设计，与客户沟通后根据反馈意见改进方案； 4. 选择合适的工具和材料完成实物模型制作，验证设计方案； 5. 按照行业标准输出工程图和工艺文件，与结构工程师和原型制作工程师进行专业沟通，并根据反馈意见改进方案。在规定的时间内制作完成设计提案并汇报展示； 6. 按照行业标准和公司规范管理设计工作，交付设计成果，并进行资料和成果的分类、整理、归档工作，保证设计符合法律规定。

课程目标
学习完本课程后，学生应能胜任常见的户外电子产品设计工作，包括户外音箱设计、户外灯具设计和户外移动电源设计。 1. 能根据工作任务书要求合理制订工作计划，明确工作内容和交付期限； 2. 能根据客户需求，从产品的人性化、经济性、创新性、环保性、可持续性出发，完成调研报告制作、手绘效果图方案表达，确定设计方向； 3. 能根据确定的设计方向熟练操作工业设计软件，建立包含基本结构特征的三维模型，推敲设计细节，完成三维效果图及版式设计，与客户沟通后根据反馈意见改进设计方案； 4. 能选择合适的工具和材料完成实物比例模型制作，验证设计方案； 5. 能按照行业标准输出工程图和工艺文件，交付设计成果，具备精益求精的工匠精神； 6. 能在规定的时间内制作完成设计提案并汇报展示；能按照行业标准和公司规范管理设计工作，交付设计成果，并进行资料和成果的分类、整理、归档工作，保证设计符合法律规定。

续表

学习内容
本课程主要学习内容包括： 1. 设计调研与报告撰写 实践知识：相关标准的查阅和解读。 理论知识：户外产品的分类、品牌、风格、设计趋势，常见户外电子产品的基本构造、功能、工艺。 2. 手绘效果图设计 实践知识：使用彩色铅笔、马克笔表现户外电子产品的橡胶材质、造型细节、基本结构，手绘效果图的设计。 理论知识：橡胶材质绘制原理，产品侧视爆炸解析图绘制原理，较为复杂形体的爆炸解析图绘制原理，手绘效果图、三维效果图的作用。 3. 三维模型制作和三维效果图设计 实践知识：手绘效果图的设计，计算机三维建模，户外渲染场景的搭建，三维效果图的设计。 理论知识：产品基本结构，户外场景搭建的原理。 4. 工程图和工艺文件 实践知识：工程图和工艺文件的制作输出，工艺文件的制作。 理论知识：橡胶的基本工艺知识，工程制图原理。 5. 产品模型制作 实践知识：模型制作方式的确定，油泥、泡沫、3D 打印方式的使用，综合材料实物模型的制作。 理论知识：综合材料实物模型制作流程及工艺。 6. 设计提案制作 实践知识：使用三维软件完成产品动画的基本表现，设计提案的整理、排序和交付。 理论知识：产品动画制作中路径、移动、缩放的基本原理，设计提案制作技巧。 7. 检查交付 实践知识：合同法、产品质量法、标准化法、商标法等相关法律法规的内容解读，户外产品调研报告、手绘效果图、三维模型、三维效果图、工程图和工艺文件、实物模型、设计提案内容质量和数量的整理与核对。 理论知识：工作要求和行业标准成果交付要求。 8. 通用能力、职业素养、思政素养 理解与表达、交往与合作、自我管理、自主学习、解决问题、时间意识、环保意识、版权意识、审美意识、创新思维、爱岗敬业、专注严谨、精益求精的工匠精神等。

参考性学习任务

序号	名称	学习任务描述	参考学时
1	户外音箱设计	某音频产品公司计划为户外场景开发一款便携式可移动的蓝牙音箱，要求携带方便、造型新颖，符合外出旅行人群的需求，外观尺寸在 300 mm × 300 mm × 300 mm 范围内，需含有电源键、蓝牙配对键、音量加减键，内置锂电池，且有电量显示、电源灯光显示、AUX 3.5 mm	40

续表

1	户外音箱设计	接口、USB 接口、Type-C 充电接口，预计零售价为 599 ~ 1 099 元。 学生从教师处领取工作任务后，明确设计要求、制订工作计划，独立或以小组形式开展工作。查阅户外音箱产品的相关设计资料，分析户外音箱的特点，运用工业设计研究工具和方法，独立或合作开展设计分析与设计定位，从产品的人性化、经济性、创新性、可持续性出发，完成调研报告制作和手绘效果图绘制，并根据确定方案完成三维模型制作和三维效果图设计。输出可与结构工程师对接的工程图、可与原型制作工程师对接的工艺文件，根据教师审核意见进行修改，并将最终成品交教师验收。必要时可通过 3D 打印等方式完成造型推敲、实物模型制作。 在工作过程中，操作者必须严格执行安全操作规程、企业质量体系管理制度、“7S”管理制度等企业管理规定。工作完成后，对文件归档整理，维护工作设备，保持工作场所整洁有序，并注意版权及授权范围，保证设计符合国家法律规定。	
2	户外灯具设计	某照明产品公司计划为户外露营场景开发一款户外灯具，要求携带方便、造型新颖，符合对应受众人群的需求，外观尺寸在 200 mm × 200 mm × 200 mm 范围内，可悬挂、可独立置放，支持 3 挡定时、无极调光，内置锂电池、Type-C 充电接口，预计零售价为 199 ~ 299 元。 学生从教师处领取工作任务后，明确设计要求，制订工作计划，独立或以小组形式开展工作。查阅户外灯具产品的相关设计资料，分析户外灯具的特点，运用工业设计研究工具和方法，独立或合作开展设计分析与设计定位，从产品的人性化、经济性、创新性、环保性出发，完成调研报告制作和手绘效果图绘制，并根据确定方案完成三维模型制作和三维效果图设计。输出可与结构工程师对接的工程图、可与原型制作工程师对接的工艺文件，根据教师审核意见进行修改，并将最终成品交教师验收。必要时可通过 3D 打印等方式完成造型推敲、实物模型制作。 在工作过程中，操作者必须严格执行安全操作规程、企业质量体系管理制度、“7S”管理制度等企业管理规定。工作完成后，对文件归档整理，维护工作设备，保持工作场所整洁有序，并注意版权及授权范围，保证设计符合国家法律规定。	40
3	户外移动电源设计	某电源产品研发公司计划为户外场景开发一款 500 W 的移动电源，要求携带方便、造型新颖，符合户外人群的需求，需配套可折叠收纳的太阳能板，外壳耐磨抗摔、防尘防雨，外观尺寸在 300 mm × 200 mm × 250 mm 范围内，配备 LCD 数字显示屏、独立开关、	40

续表

3	户外移动电源设计	LED 照明灯，内置锂电池、120 V 10 A/120 W max 的 DC 端口 1 个、220 V 50 Hz/500 W 的 AC 输出端口 1 个、USB-A 输出端口 3 个，质量合计约 7 000 g 以内，预计零售价为 1 999 ~ 2 999 元。 学生从教师处领取工作任务后，明确设计要求，制订工作计划，独立或以小组形式开展工作。查阅户外移动电源产品的相关设计资料，分析户外移动电源的特点，运用工业设计研究工具和方法，独立或合作开展设计分析与设计定位，从产品的人性化、经济性、创新性、环保性、可持续性出发，完成调研报告制作和手绘效果图绘制，并根据确定方案完成三维模型制作和三维效果图设计。输出可与结构工程师对接的工程图、可与原型制作工程师对接的工艺文件，根据教师审核意见进行修改，并将最终成品交教师验收。必要时可通过 3D 打印等方式完成造型推敲、实物模型制作。 在工作过程中，操作者必须严格执行安全操作规程、企业质量体系管理制度、“7S”管理制度等企业管理规定。工作完成后，对文件归档整理，维护工作设备，保持工作场所整洁有序，并注意版权及授权范围，保证设计符合国家法律规定。	

教学实施建议

1. 师资要求

教师须具备户外音箱、户外灯具、户外移动电源产品设计经验，了解企业设计流程，并具备本课程一体化课程教学设计与实施、一体化课程教学资源选择与应用等能力。本课程包含世界技能大赛竞赛项目转化而来的参考性学习任务，任课教师宜具备世界技能大赛相关竞赛模块的实践经验或培训经验。

2. 教学组织方式方法建议

为确保教学安全，提高教学效果，建议采用集中教学、分别辅导的形式；在完成工作任务的过程中，教师须加强示范与指导，注重学生职业素养和规范操作的培养。

3. 教学资源配备建议

（1）教学场地

学习工作站须具备良好的安全、照明和通风条件，可分为集中教学区、方案讨论区、成果展示区，并配置相应的文件服务器和多媒体教学系统等设备设施，面积以至少同时容纳 35 人开展教学活动为宜。

（2）工具、材料、设备

以个人为单位配备计算机图形工作站、工业设计软件（Rhino、Creo、KeyShot、Photoshop、Illustrator、CorelDRAW）、WPS 办公软件、铅笔、针管笔、马克笔、橡皮、绘图纸、打印纸、卡纸。以小组为单位配备刮刀、砂纸、锉刀、丙烯颜料、3D 打印耗材、3D 打印机、读卡器。

（3）教学资料

以工作页为主，配备户外电子产品样品、工作任务书、工作计划表、教材、参考书、优秀作品范例、素材网站范例等教学资料。

4. 教学管理制度

执行工学一体化教学场所的管理规定，如需要进行校外认识实习和岗位实践，应严格遵守生产性实训基地、企业实习实践等管理制度。

教学考核要求

采用过程性考核和终结性考核相结合的方式。课程考核成绩 = 过程性考核成绩 ×60%+ 终结性考核成绩 ×40%。

1. 过程性考核（60%）

过程性考核成绩由 3 个参考性学习任务考核成绩构成。其中，户外音箱设计的考核成绩占比为 30%，户外移动电源设计的考核成绩占比为 30%，户外灯具设计的考核成绩占比为 40%。

上述参考性学习任务的考核应以其学习目标为依据确定考核要点，设计考核项目。考核项目可分为技能考核类、学习成果类和通用能力观察类等类别，通过细化其评分细则，分别从专业能力、通用能力等维度对学生学习情况进行考核。

（1）技能考核类考核项目可包括户外产品资料的收集和分析、设计方案的确定、三维模型的创建、渲染场景的搭建、实物模型的制作、设计提案的展示汇报等关键操作技能和心智技能。

（2）学习成果类考核项目涉及各学习环节产出的学习成果，可运用调研报告、手绘效果图、三维模型、三维效果图、工程图和工艺文件、实物模型和设计提案等多种形式。

（3）通用能力观察类考核项目可包括理解与表达、交往与合作、自我管理、自主学习、解决问题、时间意识、环保意识、版权意识、审美意识、创新思维、爱岗敬业、专注严谨、精益求精的工匠精神等学生学习过程中表现出来的通用能力、职业素养或思政素养。

2. 终结性考核（40%）

终结性考核应围绕本课程目标，结合课程终结性考核要点，选择企业真实工作任务或设计学习任务进行考核。

考核任务案例：户外移动电源设计

【情境描述】

某便携式电源产品公司计划为喜爱野营的用户开发一款 500 W、220 V 的户外移动电源，要求携带方便、造型新颖，符合户外人群与产品的互动需求。

【任务要求】

根据情境描述，在规定时间内完成以下任务：

（1）收集客户需求，基于调研报告及与教师沟通所了解的情况，制作户外移动电源设计分析报告；

（2）按照情境描述的情况，完成一份 A3 横版纸质手绘效果图设计，含标题、设计分析、产品效果图、产品三视图、产品使用情境和设计说明；

（3）根据手绘效果图方案，完成一份 A3 横版 JPG 格式三维效果图设计，含标题、两个不同视角的产品效果图、产品配色方案和设计说明；

（4）将设计分析报告、手绘效果图和三维效果图整理成一份设计提案；

（5）组织设计汇报，与教师沟通进行优化调整，确定最终设计方案。

在工作过程中，操作者必须严格执行安全操作规程、企业质量体系管理制度、“7S”管理制度等企业管

续表

理规定。工作完成后，对文件归档整理，维护工作设备，保持工作场所整洁有序，并注意版权及授权范围，保证设计符合国家法律规定。 【参考资料】 完成上述任务时，可以使用所有常见教学资料，如专业教材、参考书、演示视频、优秀作品范例、素材网站范例等。 （建议：终结性考核成果需要进行橱窗展览、多媒体展示，组织邀请相关专业教师对课程内容及完成情况做出综合评价与改进建议。）

（十一）通信产品设计课程标准

一体化课程名称	通信产品设计	基准学时	120
典型工作任务描述			
通信产品设计是工业设计师常见的工作任务之一。在本任务中，工业设计师主要负责通信产品的草图设计、三维效果图设计、工程图及工艺文件输出、设计提案制作等工作。 工业设计师从设计主管处领取工作任务后，明确工作时间和设计要求。按照设计主管提供的设计调研思路和设计分析方法，独立或合作开展设计分析与设计定位，从产品的人性化、经济性、创新性、环保性、可持续性出发，完成调研报告制作、设计草图设计、三维效果图设计，输出可与结构工程师对接的工程图、可与原型制作工程师对接的工艺文件，制作并提交完整的设计提案文件。每个阶段完成后均需与设计主管沟通，根据反馈意见进行修改，按时交付最终设计成果并对设计资料进行分类、整理和归档。 工业设计师在完成工作的过程中，需要遵守专利法、合同法、产品质量法、标准化法、商标法、GB 38189—2019《与通信网络电气连接的电子设备的安全》等相关法律法规和国家标准，防止违法、违规、侵权等行为。同时应遵循文件制作、输出等设计要求及文件存储方式、资料存档等公司工作规范。			

工作内容分析		
工作对象： 1. 工作任务要求的明确，工作计划的制订； 2. 客户的沟通，设计需求等信息的获取，调研报告的制作，设计方向的确定； 3. 草图和三维效果图的设计； 4. 实物模型的制作；	**工具、材料、设备与资料：** 1. 工具：铅笔、针管笔、马克笔、橡皮、刮刀、砂纸、锉刀； 2. 材料：绘图纸、打印纸、卡纸、油泥、丙烯颜料、木板、3D 打印耗材； 3. 设备：计算机图形工作站、工业设计软件（Rhino、Creo、KeyShot、Photoshop、Illustrator、CorelDRAW）、WPS 办公软件、3D 打印机、小型激光切割机、读卡器； 4. 资料：工作页、工作任务书、工作计划表、参考书、优秀作品范例、素材网站范例。	**工作要求：** 1. 根据工作任务书要求合理制订工作计划，明确工作内容和交付期限； 2. 与客户沟通，从产品的人性化、经济性、创新性、环保性、可持续性出发，完成通信产品调研报告制作，确定设计方向； 3. 根据确定的设计方向熟练操作工业设计软件，建立包含基本结构特征的三维模型，推敲设计细节，完成三维效果图及版式设计，与客

续表

5. 工程图、工艺文件的输出，设计提案的制作； 6. 人性化、经济性、创新性、环保性、可持续性目标的达成； 7. 设计成品的交付。	**工作方法：** 访谈法、对比法、图示法、演绎法、综合法等。 **劳动组织方式：** 以独立或小组合作的方式进行，工业设计师（或团队）从设计主管处领取工作任务，与设计主管进行沟通，明确工作时间和设计要求，以独立或团队合作的方式完成设计，交设计主管审核并修改。	户沟通后根据反馈意见改进方案； 4. 选择合适的工具和材料完成实物模型制作，验证设计方案； 5. 按照行业标准输出工程图和工艺文件，与结构工程师和原型制作工程师进行专业沟通，并根据反馈意见改进方案，在规定的时间内制作完成设计提案并汇报展示； 6. 按照行业标准和公司规范管理设计工作，交付设计成果，并进行资料和成果的分类、整理、归档工作，保证设计符合法律规定。

课程目标

学习完本课程后，学生应能胜任常见的通信产品设计工作，包括呼叫器设计、对讲机设计和耳机设计。

1. 能根据工作任务书要求合理制订工作计划，明确工作内容和交付期限；

2. 能根据客户需求，从产品的人性化、经济性、创新性、环保性、可持续性出发，完成调研报告制作、手绘效果图方案表达，确定设计方向；

3. 能根据确定的设计方向熟练操作工业设计软件，建立包含基本结构特征的三维模型，推敲设计细节，完成三维效果图及版式设计，与客户沟通后根据反馈意见改进设计方案；

4. 能选择合适的工具和材料完成实物模型制作，验证设计方案；

5. 能按照行业标准输出工程图和工艺文件，交付设计成果；

6. 能在规定的时间内制作完成设计提案并汇报展示；能按照行业标准和公司规范管理设计工作，交付设计成果，并进行资料和成果的分类、整理、归档工作，保证设计符合法律规定。

学习内容

本课程主要学习内容包括：

1. 设计调研与报告撰写

实践知识：GB 38189—2019《与通信网络电气连接的电子设备的安全》国家标准的查阅和解读，通信产品资料的收集和分析，通信产品调研报告的编写。

理论知识：通信产品分类、品牌、风格、设计趋势，常见通信产品的基本构造、功能、工艺。

2. 手绘效果图设计

实践知识：使用彩色铅笔、马克笔表现通信产品的塑料和橡胶材质、造型细节、基本结构、色彩方案，手绘效果图的设计。

理论知识：塑料和橡胶混合材质绘制原理，产品爆炸解析图绘制原理。

3. 三维模型制作和三维效果图设计

实践知识：计算机三维建模，展示渲染场景的搭建，通信产品三维效果图的设计。

理论知识：塑料材质的绘制原理，较为复杂形体的爆炸解析图绘制原理，手绘效果图、三维效果图的作用，3D 打印制作流程及工艺。

4. 工程图和工艺文件

实践知识：工程图和工艺文件的制作输出。

理论知识：工程制图原理，塑料基本工艺知识，多媒体幻灯片制作流程，设计提案制作技巧。

5. 产品模型制作

实践知识：模型制作方式的确定，油泥、泡沫、3D 打印方式的使用，综合材料实物模型的制作。

理论知识：综合材料实物模型制作流程及工艺。

6. 设计提案制作

实践知识：使用三维软件完成产品动画的基本表现，设计提案的整理、排序，完整设计提案的交付。

理论知识：多媒体幻灯片制作流程，设计提案制作技巧，产品动画制作中说明图示的基本原理。

7. 检查交付

实践知识：需要交付内容和数量的核对，通信产品调研报告、手绘效果图、三维模型、三维效果图、工程图和工艺文件、实物模型、设计提案质量的检查。

理论知识：工作要求和行业标准成果交付要求。

8. 通用能力、职业素养、思政素养

理解与表达、交往与合作、自我管理、自主学习、解决问题、时间意识、环保意识、版权意识、审美意识、创新思维、爱岗敬业、专注严谨、精益求精的工匠精神等。

参考性学习任务

序号	名称	学习任务描述	参考学时
1	呼叫器设计	某通信设备公司计划开发一款呼叫器，用于老人护理、家庭看护等场景。要求外观简洁明了、造型现代，符合对应场景使用的需求，外观尺寸在 80 mm × 80 mm × 30 mm 范围内，需含有呼叫键、指示灯，预计零售价在 99 元以内。 学生从教师处领取工作任务后，明确设计要求，制订工作计划，独立或以小组形式开展工作。查阅呼叫器的相关设计资料，分析呼叫器的特点，运用工业设计研究工具和方法，独立或合作开展设计分析与设计定位，从产品的人性化、经济性、创新性、可持续性出发，完成调研报告制作和手绘效果图绘制，并根据确定方案完成三维模型制作和三维效果图设计。输出可与结构工程师对接的工程图、可与原型制作工程师对接的工艺文件，根据教师审核意见进行修改，并将最终成品交教师验收。必要时可通过 3D 打印等方式完成造型推敲、实物模型制作。 在工作过程中，操作者必须严格执行安全操作规程、企业质量体系管理制度、“7S”管理制度等企业管理规定。工作完成后，对文件归档整理，维护工作设备，保持工作场所整洁有序，并注意版权及授权范围，保证设计符合国家法律规定。	40

续表

2	对讲机设计	某通信设备公司计划开发一款5G网络的对讲机，要求携带方便、造型时尚、轻便精致，符合对应受众人群的需求，外观尺寸在100 mm × 60 mm × 50 mm范围内，内置8 800 mAh电池，支持双卡，配置Type-C充电接口，预计零售价约499元。 学生从教师处领取工作任务后，明确设计要求，制订工作计划，独立或以小组形式开展工作。查阅对讲机的相关设计资料，分析对讲机的特点，运用工业设计研究工具和方法，独立或合作开展设计分析与设计定位，从产品的人性化、经济性、创新性、环保性出发，完成调研报告制作和手绘效果图绘制，并根据确定方案完成三维模型制作和三维效果图设计。输出可与结构工程师对接的工程图、可与原型制作工程师对接的工艺文件，根据教师审核意见进行修改，并将最终成品交教师验收。必要时可通过3D打印等方式完成造型推敲、实物模型制作。 在工作过程中，操作者必须严格执行安全操作规程、企业质量体系管理制度、“7S”管理制度等企业管理规定。工作完成后，对文件归档整理，维护工作设备，保持工作场所整洁有序，并注意版权及授权范围，保证设计符合国家法律规定。	40
3	耳机设计	某科技产品公司计划为运动场景开发一款耳机，要求携带方便、造型新颖，符合运动人群的需求，应具备降噪功能的入耳式设计，配置充电仓、Type-C充电接口，外观尺寸范围为：高度46 mm，宽度60 mm，厚度24 mm，质量合计约50 g，预计零售价为999～1 599元。 学生从教师处领取工作任务后，明确设计要求，制订工作计划，独立或以小组形式开展工作。查阅耳机产品的相关设计资料，分析耳机的特点，运用工业设计研究工具和方法，独立或合作开展设计分析与设计定位，从产品的人性化、经济性、创新性、环保性、可持续性出发，完成调研报告制作和手绘效果图绘制，并根据确定方案完成三维模型制作和三维效果图设计。输出可与结构工程师对接的工程图、可与原型制作工程师对接的工艺文件，根据教师审核意见进行修改，并将最终成品交教师验收。必要时可通过3D打印等方式完成造型推敲、实物模型制作。 在工作过程中，操作者必须严格执行安全操作规程、企业质量体系管理制度、“7S”管理制度等企业管理规定。工作完成后，对文件归档整理，维护工作设备，保持工作场所整洁有序，并注意版权及授权范围，保证设计符合国家法律规定。	40

续表

教学实施建议
1. 师资要求 教师须具备呼叫器、对讲机、耳机产品设计经验，了解企业设计流程，采用行动导向的教学方法，并具备本课程一体化课程教学设计与实施、一体化课程教学资源选择与应用等能力。本课程包含世界技能大赛竞赛项目转化而来的参考性学习任务，任课教师宜具备世界技能大赛相关竞赛模块的实践经验或培训经验。 2. 教学组织方式方法建议 为确保教学安全，提高教学效果，建议采用集中教学、分别辅导的形式；在完成工作任务的过程中，教师须加强示范与指导，注重学生职业素养和规范操作的培养。 3. 教学资源配备建议 （1）教学场地 学习工作站须具备良好的安全、照明和通风条件，可分为集中教学区、方案讨论区、成果展示区，并配置相应的文件服务器和多媒体教学系统等设备设施，面积以至少同时容纳 35 人开展教学活动为宜。 （2）工具、材料、设备 以个人为单位配备计算机图形工作站、工业设计软件（Rhino、Creo、KeyShot、Photoshop、Illustrator、CorelDRAW）、WPS 办公软件、铅笔、针管笔、马克笔、橡皮、绘图纸、打印纸、卡纸。以小组为单位配备刮刀、砂纸、锉刀、丙烯颜料、3D 打印耗材、3D 打印机、读卡器。 （3）教学资料 以工作页为主，配备通信产品样品、工作任务书、工作计划表、教材、参考书、优秀作品范例、素材网站范例等教学资料。 4. 教学管理制度 执行工学一体化教学场所的管理规定，如需要进行校外认识实习和岗位实践，应严格遵守生产性实训基地、企业实习实践等管理制度。

教学考核要求
采用过程性考核和终结性考核相结合的方式。课程考核成绩 = 过程性考核成绩 ×60%+ 终结性考核成绩 ×40%。 1. 过程性考核（60%） 过程性考核成绩由 3 个参考性学习任务考核成绩构成。其中，呼叫器设计的考核成绩占比为 30%，对讲机设计的考核成绩占比为 30%，耳机设计的考核成绩占比为 40%。 上述参考性学习任务的考核应以其学习目标为依据确定考核要点，设计考核项目。考核项目可分为技能考核类、学习成果类和通用能力观察类等类别，通过细化其评分细则，分别从专业能力、通用能力等维度对学生学习情况进行考核。 （1）技能考核类考核项目可包括通信产品资料的收集和分析、设计方案的确定、三维模型的创建、渲染场景的搭建、实物模型的制作、设计提案的展示汇报等关键操作技能和心智技能。 （2）学习成果类考核项目涉及各学习环节产出的学习成果，可运用调研报告、手绘效果图、三维模型、

续表

三维效果图、工程图和工艺文件、实物模型和设计提案等多种形式。

（3）通用能力观察类考核项目可包括理解与表达、交往与合作、自我管理、自主学习、解决问题、时间意识、环保意识、版权意识、审美意识、创新思维、爱岗敬业、专注严谨、精益求精的工匠精神等学生学习过程中表现出来的通用能力、职业素养或思政素养。

2. 终结性考核（40%）

终结性考核应围绕本课程目标，结合课程终结性考核要点，选择企业真实工作任务或设计学习任务进行考核。

考核任务案例：蓝牙耳机设计

【情境描述】

某科技产品公司计划为汽车驾驶员开发一款蓝牙耳机，要求使用方便、造型新颖，满足人们驾驶时接听电话的需求，应具备降噪功能的入耳式设计，配置充电仓、Type-C 充电接口。

【任务要求】

根据情境描述，在规定时间内完成以下任务：

（1）收集客户需求，基于调研报告及与教师沟通所了解的情况，制作蓝牙耳机设计分析报告；

（2）按照情境描述的情况，完成一份 A3 横版纸质手绘效果图设计，含标题、设计分析、产品效果图、产品三视图、产品使用情境和设计说明；

（3）根据手绘效果图方案，完成一份 A3 横版 JPG 格式三维效果图设计，含标题、两个不同视角的产品效果图、产品配色方案和设计说明；

（4）将设计分析报告、手绘效果图和三维效果图整理成一份设计提案；

（5）组织设计汇报，与教师沟通进行优化调整，确定最终设计方案。

在工作过程中，操作者必须严格执行安全操作规程、企业质量体系管理制度、“7S”管理制度等企业管理规定。工作完成后，对文件归档整理，维护工作设备，保持工作场所整洁有序，并注意版权及授权范围，保证设计符合国家法律规定。

【参考资料】

完成上述任务时，可以使用所有常见教学资料，如专业教材、参考书、演示视频、优秀作品范例、素材网站范例等。

（建议：终结性考核成果需要进行橱窗展览、多媒体展示，组织邀请相关专业教师对课程内容及完成情况做出综合评价与改进建议。）

（十二）健康护理产品设计课程标准

一体化课程名称	健康护理产品设计	基准学时	120
典型工作任务描述			
健康护理产品设计是工业设计师常见的工作任务之一。在本任务中，工业设计师主要负责健康护理产品的草图设计、三维效果图设计、工程图及工艺文件输出、设计提案制作等工作。			

续表

工业设计师从设计主管处领取工作任务后，明确工作时间和设计要求。按照设计主管提供的设计调研思路和设计分析方法，独立或合作开展设计分析与设计定位，从产品的人性化、经济性、创新性、环保性、可持续性出发，完成调研报告制作、设计草图设计、三维效果图设计，输出可与结构工程师对接的工程图、可与原型制作工程师对接的工艺文件，制作并提交完整的设计提案文件。每个阶段完成后均需与设计主管沟通，根据反馈意见进行修改，按时交付最终设计成果并对设计资料进行分类、整理和归档。

工业设计师在完成工作的过程中，需要遵守专利法、合同法、产品质量法、标准化法、商标法等相关法律法规，防止违法、违规、侵权等行为。同时应遵循文件制作、输出等设计要求及文件存储方式、资料存档等公司工作规范。

工作内容分析		
工作对象： 1. 工作任务要求的明确，工作计划的制订； 2. 客户的沟通，设计需求等信息的获取，调研报告的制作，设计方向的确定； 3. 草图和三维效果图的设计； 4. 实物模型的制作； 5. 工程图、工艺文件的输出，设计提案的制作； 6. 人性化、经济性、创新性、环保性、可持续性目标的达成； 7. 设计成品的交付。	**工具、材料、设备与资料：** 1. 工具：铅笔、针管笔、马克笔、橡皮、刮刀、砂纸、锉刀； 2. 材料：绘图纸、打印纸、卡纸、油泥、丙烯颜料、木板、3D 打印耗材； 3. 设备：计算机图形工作站、工业设计软件（Rhino、Creo、KeyShot、Photoshop、Illustrator、CorelDRAW）、WPS 办公软件、3D 打印机、小型激光切割机、读卡器； 4. 资料：工作页、工作任务书、工作计划表、参考书、优秀作品范例、素材网站范例。 **工作方法：** 访谈法、对比法、图示法、演绎法、综合法等。 **劳动组织方式：** 以独立或小组合作的方式进行，工业设计师（或团队）从设计主管处领取工作任务，与设计主管进行沟通，明确工作时间和设计要求，以独立或团队合作的方式完成设计，交设计主管审核并修改。	**工作要求：** 1. 根据工作任务书要求合理制订工作计划，明确工作内容和交付期限； 2. 与客户沟通，从产品的人性化、经济性、创新性、环保性、可持续性出发，完成健康护理产品调研报告的制作，确定设计方向； 3. 根据确定的设计方向熟练操作工业设计软件，建立包含基本结构特征的三维模型，推敲设计细节，完成三维效果图及版式设计。与客户沟通后根据反馈意见改进方案； 4. 选择合适的工具和材料完成实物模型制作，验证设计方案； 5. 按照行业标准输出工程图和工艺文件，与结构工程师和原型制作工程师进行专业沟通，并根据反馈意见改进方案，在规定的时间内制作完成设计提案并汇报展示； 6. 按照行业标准和公司规范管理设计工作，交付设计成果，并进行资料和成果的分类、整理、归档工作，保证设计符合法律规定。

续表

课程目标
学习完本课程后，学生应能胜任常见的健康护理产品设计工作，包括测温枪设计、家庭药箱设计和适老产品设计。 1. 能根据工作任务书要求合理制订工作计划，明确工作内容和交付期限； 2. 能根据客户需求，从产品的人性化、经济性、创新性、环保性、可持续性出发，完成调研报告制作、手绘效果图方案表达，确定设计方向； 3. 能根据确定的设计方向熟练操作工业设计软件，建立包含基本结构特征的三维模型，推敲设计细节，完成三维效果图及版式设计，与客户沟通后根据反馈意见改进设计方案； 4. 能选择合适的工具和材料完成实物模型制作，验证设计方案； 5. 能按照行业标准输出工程图和工艺文件，交付设计成果； 6. 能在规定的时间内制作完成设计提案并汇报展示；能按照行业标准和公司规范管理设计工作，交付设计成果，并进行资料和成果的分类、整理、归档工作，保证设计符合法律规定。
学习内容
本课程主要学习内容包括： 1. 设计调研与报告撰写 实践知识：健康护理产品资料的收集和分析，健康护理产品调研报告的编写。 理论知识：健康护理产品用户需求分析与产品定义，健康护理产品分类、风格、趋势、安全标准，常见健康护理产品的基本构造、功能、工艺。 2. 手绘效果图设计 实践知识：使用彩色铅笔、马克笔表现健康护理产品的色彩、材质、工艺，手绘效果图的设计。 理论知识：混合材质绘制原理，产品爆炸解析图绘制原理。 3. 三维模型制作和三维效果图设计 实践知识：计算机三维建模，室内渲染场景的搭建，三维效果图的设计。 理论知识：健康护理产品基本结构，室内渲染场景搭建原理。 4. 工程图和工艺文件 实践知识：工程图和工艺文件的制作输出。 理论知识：常见材质工艺知识，工艺文件制作流程。 5. 产品模型制作 实践知识：模型制作方式的确定，油泥、泡沫、3D 打印方式的使用，综合材料实物模型的制作。 理论知识：综合材料实物模型制作流程及工艺。 6. 设计提案制作 实践知识：使用三维软件完成产品动画的基本表现，设计提案的整理、排序，完整设计提案的交付。 理论知识：产品动画制作的镜头设计、流程策划。 7. 检查交付 实践知识：需要交付内容和数量的核对，健康护理产品调研报告、手绘效果图、三维模型、三维效果图、工程图和工艺文件、实物模型、设计提案质量的检查。

理论知识：工作要求和行业标准成果交付要求。

8. 通用能力、职业素养、思政素养

理解与表达、交往与合作、自我管理、自主学习、解决问题、时间意识、环保意识、版权意识、审美意识、创新思维、爱岗敬业、专注严谨、精益求精的工匠精神等。

参考性学习任务

序号	名称	学习任务描述	参考学时
1	测温枪设计	某健康护理产品公司计划开发一款测温枪，要求外观简洁现代、造型新颖，符合家居环境、个人使用的需求，支持额温或耳温测量形式，具备良好的手持使用体验，外观尺寸小巧、轻便，方便收纳、手持，需含有开关键、显示屏、小夜灯、Type-C充电接口，预计零售价在399元内。 学生从教师处领取工作任务后，明确设计要求，制订工作计划，独立或以小组形式开展工作。查阅测温枪产品的相关设计资料，分析测温枪的特点，运用工业设计研究工具和方法，独立或合作开展设计分析与设计定位，从产品的人性化、经济性、创新性、可持续性出发，完成调研报告制作和手绘效果图绘制，并根据确定方案完成三维模型制作和三维效果图设计。输出可与结构工程师对接的工程图、可与原型制作工程师对接的工艺文件，根据教师审核意见进行修改，并将最终成品交教师验收。必要时可通过3D打印等方式完成造型推敲、实物模型制作。 在工作过程中，操作者必须严格执行安全操作规程、企业质量体系管理制度、“7S”管理制度等企业管理规定。工作完成后，对文件归档整理，维护工作设备，保持工作场所整洁有序，并注意版权及授权范围，保证设计符合国家法律规定。	40
2	家庭药箱设计	某家用健康产品公司计划开发一款家庭药箱，要求造型简洁、有亲和力，可通过分格、分区设计收纳家庭常见药物、测温枪等健康护理产品，符合家庭用户的日常需求，外观尺寸在300 mm×250 mm×250 mm范围内，有提手设计，方便移动，预计零售价在399元内。 学生从教师处领取工作任务后，明确设计要求，制订工作计划，独立或以小组形式开展工作。查阅家庭药箱产品的相关设计资料，分析家庭药箱的特点，运用工业设计研究工具和方法，独立或合作开展设计分析与设计定位，从产品的人性化、经济性、创新性、环保性出发，完成调研报告制作和手绘效果图绘制，并根据确定方案完成三维模型制作和三维效果图设计。输出可与结构工程师对接的工程图、可与原型制作工程师对接的工艺文件，根据教师审核意见进行修改，并将最终成品交教师验收。必要时可通过3D打印等方式完成造型推敲、实	40

续表

2	家庭药箱设计	物模型制作。 在工作过程中，操作者必须严格执行安全操作规程、企业质量体系管理制度、“7S”管理制度等企业管理规定。工作完成后，对文件归档整理，维护工作设备，保持工作场所整洁有序，并注意版权及授权范围，保证设计符合国家法律规定。	
3	适老产品设计	某家用健康产品研发公司计划为老年人开发一款老人手环，要求造型简洁、交互简单，方便老年人佩戴及使用，采用可调节手带设计，高清屏幕显示，可一键呼救，支持血压、心率等检测，预计零售价为999 ~ 1 299 元。 学生从教师处领取工作任务后，明确设计要求，制订工作计划，独立或以小组形式开展工作。查阅老人手环类产品的相关设计资料，分析老人手环类产品的特点，运用工业设计研究工具和方法，独立或合作开展设计分析与设计定位，从产品的人性化、经济性、创新性、环保性、可持续性出发，完成调研报告制作和手绘效果图绘制，并根据确定方案完成三维模型制作和三维效果图设计。输出可与结构工程师对接的工程图、可与原型制作工程师对接的工艺文件，根据教师审核意见进行修改，并将最终成品交教师验收。必要时可通过 3D 打印等方式完成造型推敲、实物模型制作。 在工作过程中，操作者必须严格执行安全操作规程、企业质量体系管理制度、“7S”管理制度等企业管理规定。工作完成后，对文件归档整理，维护工作设备，保持工作场所整洁有序，并注意版权及授权范围，保证设计符合国家法律规定。	40

教学实施建议

1. 师资要求

教师须具备测温枪、家庭药箱、适老产品设计经验，了解企业设计流程，采用行动导向的教学方法，并具备本课程一体化课程教学设计与实施、一体化课程教学资源选择与应用等能力。本课程包含世界技能大赛竞赛项目转化而来的参考性学习任务，任课教师宜具备世界技能大赛相关竞赛模块的实践经验或培训经验。

2. 教学组织方式方法建议

为确保教学安全，提高教学效果，建议采用集中教学、分别辅导的形式；在完成工作任务的过程中，教师须加强示范与指导，注重学生职业素养和规范操作的培养。

3. 教学资源配备建议

（1）教学场地

学习工作站须具备良好的安全、照明和通风条件，可分为集中教学区、方案讨论区、成果展示区，并配置相应的文件服务器和多媒体教学系统等设备设施，面积以至少同时容纳 35 人开展教学活动为宜。

（2）工具、材料、设备 以个人为单位配备计算机图形工作站、工业设计软件（Rhino、Creo、KeyShot、Photoshop、Illustrator、CorelDRAW）、WPS 办公软件、铅笔、针管笔、马克笔、橡皮、绘图纸、打印纸、卡纸。以小组为单位配备刮刀、砂纸、锉刀、丙烯颜料、3D 打印耗材、3D 打印机、读卡器。 （3）教学资料 以工作页为主，配备健康护理产品样品、工作任务书、工作计划表、教材、参考书、优秀作品范例、素材网站范例等教学资料。 4. 教学管理制度 执行工学一体化教学场所的管理规定，如需要进行校外认识实习和岗位实践，应严格遵守生产性实训基地、企业实习实践等管理制度。
教学考核要求
过程性考核成绩由 3 个参考性学习任务考核成绩构成。其中，测温枪设计的考核成绩占比为 30%，家庭药箱设计的考核成绩占比为 30%，适老产品设计的考核成绩占比为 40%。 上述参考性学习任务的考核应以其学习目标为依据确定考核要点，设计考核项目。考核项目可分为技能考核类、学习成果类和通用能力观察类等类别，通过细化其评分细则，分别从专业能力、通用能力等维度对学生学习情况进行考核。 （1）技能考核类考核项目可包括健康产品资料的收集和分析、设计方案的确定、三维模型的创建、渲染场景的搭建、实物模型的制作、设计提案的展示汇报等关键操作技能和心智技能。 （2）学习成果类考核项目涉及各学习环节产出的学习成果，可运用调研报告、手绘效果图、三维模型、三维效果图、工程图和工艺文件、实物模型和设计提案等多种形式。 （3）通用能力观察类考核项目可包括理解与表达、交往与合作、自我管理、自主学习、解决问题、时间意识、环保意识、版权意识、审美意识、创新思维、爱岗敬业、专注严谨、精益求精的工匠精神等学生学习过程中表现出来的通用能力、职业素养或思政素养。 2. 终结性考核（40%） 终结性考核应围绕本课程目标，结合课程终结性考核要点，选择企业真实工作任务或设计学习任务进行考核。 考核任务案例：老人指甲刀设计 【情境描述】 某家用健康产品研发公司计划为老人生活场景开发一款老人指甲刀，要求造型简洁、使用方便，配置放大镜，方便老年人使用。 【任务要求】 根据情境描述，在规定时间内完成以下任务： （1）收集客户需求，基于调研报告及与教师沟通所了解的情况，制作老人指甲刀设计分析报告； （2）按照情境描述的情况，完成一份 A3 横版纸质手绘效果图设计，含标题、设计分析、产品效果图、产品三视图、产品使用情境和设计说明；

续表

（3）根据手绘效果图方案，完成一份A3横版JPG格式三维效果图设计，含标题、两个不同视角的产品效果图、产品配色方案和设计说明； （4）将设计分析报告、手绘效果图和三维效果图整理成一份设计提案； （5）组织设计汇报，与教师沟通进行优化调整，以确定最终设计方案。 在工作过程中，操作者必须严格执行安全操作规程、企业质量体系管理制度、"7S"管理制度等企业管理规定。工作完成后，对文件归档整理，维护工作设备，保持工作场所整洁有序，并注意版权及授权范围，保证设计符合国家法律规定。 【参考资料】 完成上述任务时，可以使用所有常见教学资料，如专业教材、参考书、演示视频、优秀作品范例、素材网站范例等。 （建议：终结性考核成果需要进行橱窗展览、多媒体展示，组织邀请相关专业教师对课程内容及完成情况做出综合评价与改进建议。）

（十三）文创产品设计课程标准

工学一体化课程名称	文创产品设计	基准学时	90
典型工作任务描述			
文创产品设计是工业设计师常见的工作任务之一。在本任务中，工业设计师主要负责文创产品的调研报告制作、手绘效果图设计、三维效果图设计、工程图及工艺文件输出、设计方案制作等工作。 工业设计师从设计主管处获取设计需求后，明确工作时间、设计要求和工作计划，规划任务流程，协调内外部资源，确定设计调研思路和设计分析方法，从产品的人性化、系统性、通用性、社会效益、经济效益出发，组织完成调研报告制作、效果图设计、模型制作，输出可与结构工程师对接的工程图、输出可与原型制作师对接的表面处理及丝印文件，撰写任务总结报告。每个阶段完成后均需与设计主管沟通，根据反馈意见进行修改，按时交付最终设计成果并对设计资料进行分类、整理和归档。 工业设计师在完成工作的过程中，需要遵守著作权法、专利法、合同法、产品质量法、标准化法、商标法等相关法律法规，防止违法、违规、侵权等行为。同时应遵循文件制作、输出等设计要求及文件存储方式、资料存档等公司工作规范。			

工作内容分析		
工作对象： 1. 工作计划的制订； 2. 设计需求等信息的获取，调研报告的制作； 3. 手绘效果图的	**工具、材料、设备与资料：** 1. 工具：铅笔、针管笔、马克笔、橡皮、刮刀、砂纸、锉刀； 2. 材料：绘图纸、打印纸、卡纸、油泥、丙烯颜料、木板、3D打印耗材； 3. 设备：计算机图形工作站、工	**工作要求：** 1. 根据工作任务书要求合理制订工作计划，明确工作内容和交付期限； 2. 与设计主管沟通，根据客户需求，从产品的人性化、系统性、通用性、社会效益、经济效益出发，完成文创产品调研报告制作；

续表

设计，设计方向的确定； 4. 三维效果图的设计，设计方案的完成； 5. 工程图、工艺文件的输出； 6. 设计提案的制作与汇报； 7. 完稿的导出，设计成品的交付验收，总结报告的撰写。	业设计软件（Rhino、Creo、KeyShot、Photoshop、Illustrator、CorelDRAW）、WPS办公软件、3D打印机、小型激光切割机、读卡器； 4. 资料：工作页、工作任务书、工作计划表、参考书、优秀作品范例、素材网站范例。 **工作方法：** 系统思维法、统筹协作法、交叉研究法、探索性研究法。 **劳动组织方式：** 工业设计师（或团队）从设计主管处领取工作任务，与设计主管进行沟通，明确工作时间和设计要求，以独立或团队合作的方式完成设计，交设计主管审核并修改。	3. 深度发掘提炼文化创意符号、造型、纹饰、色彩与功能，完成文创系列产品的手绘效果图表达，确定设计方向； 4. 根据确定的设计方案建立三维模型，推敲设计细节并完成包含总体效果、产品细节、配色方案、应用场景等在内的三维效果图及版式设计，完成设计方案； 5. 按照行业标准输出工程图和工艺文件，与结构工程师和原型制作工程师进行专业沟通，并根据反馈意见改进方案； 6. 制作包含设计研究报告、效果图、工程图、动画演示等内容的完整设计提案，并组织汇报展示，推动设计定案； 7. 把控项目进程和时间节点，组织完成设计任务，按照行业标准严格管理设计工作，组织进行资料和成果的分类、整理、归档工作。

课程目标

学习完本课程后，学生应能胜任文创产品设计工作，包括赛会活动文创产品设计、地方文创产品设计和国家文创产品设计。

1. 能根据工作任务书要求合理制订工作计划，明确工作内容和交付期限；
2. 能根据客户需求，从产品的人性化、系统性、通用性、社会效益、经济效益出发，完成调研报告制作；
3. 能深度发掘提炼文化创意符号、造型、纹饰、色彩与功能，完成手绘效果图表达，确定设计方向；
4. 能熟练建立三维模型，推敲设计细节并完成三维效果图及版式设计，与客户沟通修改设计方案；
5. 能统筹、协调设计资源，按照行业标准输出工程图和工艺文件；
6. 能制作包含调研报告、效果图、工程图、动画演示等内容的完整设计提案，并组织汇报展示，清晰准确地传达设计理念，推动设计定案；
7. 能把控项目进程和时间节点，组织完成设计任务；能按照行业标准严格管理设计工作，组织进行资料和成果的分类、整理、归档工作，并能进行总结反思、持续改进。

学习内容

本课程主要学习内容包括：

1. 工作计划与设计方案的制订

实践知识：文创产品的设计分析与设计定位。

理论知识：常见文创产品的基本构造、功能、工艺。

2. 调研报告的制作与设计方案的确定

实践知识：专利法的内容解读，文创产品资料的收集和分析，文创产品调研报告的编写。

理论知识：对比法，调研报告体例格式。

3. 手绘效果图的设计

实践知识：文创产品颜色、材质、工艺细节、基本结构的手绘。

理论知识：文创产品常用材质绘制原理，较为复杂的文创产品场景绘制原理。

4. 三维效果图的设计与实物模型的制作

实践知识：计算机三维建模，文创类场景的渲染表现，文创类渲染场景的搭建，综合材料实物模型的制作。

理论知识：三维效果图的作用，文创元素的作用，综合材料模型、3D 打印制作流程及工艺。

5. 工程图、工艺文件的输出

实践知识：工程图的制作，工艺文件的制作。

理论知识：工程制图原理，文创产品常用材质基本工艺知识。

6. 设计提案的制作

实践知识：设计提案的策划设计，产品动画的设计制作，设计提案的整理、排序。

理论知识：多媒体幻灯片制作流程，产品动画制作的故事性原理，设计提案制作技巧。

7. 设计成果的交付

实践知识：合同法、产品质量法、标准化法、商标法等相关法律法规的内容解读，文创产品调研报告、手绘效果图、三维模型、三维效果图、工程图和工艺文件、实物模型、设计提案内容质量和数量的整理与核对。

理论知识：工作要求和行业标准成果交付要求。

8. 通用能力、职业素养、思政素养

理解与表达、交往与合作、自我管理、自主学习、解决问题、时间意识、环保意识、版权意识、审美意识、创新思维、爱岗敬业、专注严谨、精益求精的工匠精神等。

参考性学习任务

序号	名称	学习任务描述	参考学时
1	赛会活动文创产品设计	某活动策划公司希望为足球世界杯开发一系列文创产品，要求形式新颖，符合赛会活动主题以及相关参与人群的需求，可作为赛会活动礼品、纪念品使用。该公司已取得足球世界杯文创产品的开发授权，可使用足球世界杯的标志及图案，要设计开发的系列文创产品预计零售价为 399 ~ 699 元。 学生从教师处领取工作任务后，明确设计要求，制订工作计划，独立或以小组形式开展工作。查阅足球世界杯的相关资料、文创产品的相关设计需求，分析赛会活动文创产品的特点，从产品的人性化、系统性、通用性、社会效益、经济效益出发，形成调研报告，提供明确	30

续表

1	赛会活动文创产品设计	的创意思路方向。找到符合足球世界杯主题、符合该文创系列产品市场前景的创意表达，形成创意点，并根据创意点绘制手绘效果图，与教师进行充分沟通交流后确定设计方案。充分考虑产品的系列化、主题性，形成可延展的产品系列化设计风格。根据需要完成设计方案的三维效果图、三维模型、工程图等设计制作，将综合设计提案交教师审核，根据审核意见进行修改，将最终成品交教师验收，并完成工作任务总结报告。必要时可通过 3D 打印等方式完成造型推敲、实物模型制作。 在工作过程中，操作者必须严格执行安全操作规程、企业质量体系管理制度、“7S” 管理制度等企业管理规定。工作完成后，对文件归档整理，维护工作设备，保持工作场所整洁有序，并注意版权及授权范围，保证设计符合国家法律规定。	
2	地方文创产品设计	某文化公司计划为地方开发一款文创产品套装，要求具备地方显著特色，形式新颖、方便携带，具备一定的功能性，符合对应受众人群的需求，可作为地方特产、旅游纪念品使用，预计零售价约 699 元。 学生从教师处领取工作任务后，明确设计要求，制订工作计划，独立或以小组形式开展工作。查阅地方特色的相关资料、文创产品的相关设计需求，分析地方文创产品的特点，从产品的人性化、系统性、通用性、社会效益、经济效益出发，形成调研报告，提供明确的创意思路方向。找到符合地方特色、符合该文创系列产品市场前景的创意表达，形成创意点，并根据创意点绘制手绘效果图，与教师进行充分沟通交流后确定设计方案。充分考虑产品的套装化、主题性，形成可延展的产品套装化设计风格。根据需要完成设计方案的三维效果图、三维模型、工程图等设计制作，将综合设计提案交教师审核，根据审核意见进行修改，将最终成品交教师验收，并完成工作任务总结报告。必要时可通过 3D 打印等方式完成造型推敲、实物模型制作。 在工作过程中，操作者必须严格执行安全操作规程、企业质量体系管理制度、“7S” 管理制度等企业管理规定。工作完成后，对文件归档整理，维护工作设备，保持工作场所整洁有序，并注意版权及授权范围，保证设计符合国家法律规定。	30
3	国家文创产品设计	某文化公司计划为故宫开发一款文创产品套装，要求具备故宫显著特色，形式新颖，符合对应受众人群的需求，可作为故宫礼品、旅游纪念品使用，预计零售价约 899 元。 学生从教师处领取工作任务后，明确设计要求，制订工作计划，独立或以小组形式开展工作。查阅故宫文化的相关资料、文创产品的相	30

续表

3	国家文创产品设计	关设计需求，分析国家文创产品的特点，从产品的人性化、系统性、通用性、社会效益、经济效益出发，形成调研报告，提供明确的创意思路方向。找到符合故宫特色、符合该文创系列产品市场前景的创意表达，形成创意点，并根据创意点绘制手绘效果图，与教师进行充分沟通交流后确定设计方案。充分考虑产品的套装化、主题性，形成可延展的产品套装化设计风格。根据需要完成设计方案的三维效果图、三维模型、工程图等设计制作，将综合设计提案交教师审核，根据审核意见进行修改，将最终成品交教师验收，并完成工作任务总结报告。必要时可通过3D打印等方式完成造型推敲、实物模型制作。 在工作过程中，操作者必须严格执行安全操作规程、企业质量体系管理制度、“7S”管理制度等企业管理规定。工作完成后，对文件归档整理，维护工作设备，保持工作场所整洁有序，并注意版权及授权范围，保证设计符合国家法律规定。	

教学实施建议

1. 师资要求

教师须具备赛会活动文创产品、地方文创产品、国家文创产品设计经验，了解企业设计流程，并具备本课程一体化课程教学设计与实施、一体化课程资源开发与应用、一体化课程标准开发等能力。

2. 教学组织方式方法建议

采用行动导向的教学方法。为确保教学安全，合理使用实训设施设备，提高学习效果，建议采用分组教学的形式（4~6人/组），同时培养学生理解与表达、交往与合作、自我管理、自主学习、解决问题等通用能力。在完成工作任务的过程中，教师须加强示范与指导，注重学生时间意识、环保意识、版权意识、审美意识、创新思维等职业素养，爱岗敬业、专注严谨、精益求精的工匠精神等思政素养的培养。有条件的地区，可通过引企入校或建立校外实训基地等方式，为学生提供真实的工作环境，由企业导师和专业教师协同教学。

3. 教学资源配备建议

（1）教学场地

学习工作站须具备良好的安全、照明和通风条件，可分为集中教学区、方案讨论区、成果展示区，并配置相应的文件服务器和多媒体教学系统等设备设施，面积以至少同时容纳35人开展教学活动为宜。

（2）工具、材料、设备

以个人为单位配备计算机图形工作站、工业设计软件（Rhino、Creo、KeyShot、Photoshop、Illustrator、CorelDRAW）、WPS办公软件、铅笔、针管笔、马克笔、橡皮、绘图纸、打印纸、卡纸。以小组为单位配备刮刀、砂纸、锉刀、丙烯颜料、3D打印耗材、3D打印机、读卡器。

（3）教学资料

以工作页为主，配备文创产品样品、工作任务书、工作计划表、教材、参考书、优秀作品范例、素材网站范例等教学资料。

4. 教学管理制度

执行工学一体化教学场所的管理规定，如需要进行校外认识实习和岗位实践，应严格遵守生产性实训基地、企业实习实践等管理制度。

教学考核要求

本课程考核采用过程性考核和终结性考核相结合的方式，课程考核成绩 = 过程性考核成绩 ×60%+ 终结性考核成绩 ×40%。

1. 过程性考核（60%）

过程性考核成绩由 3 个参考性学习任务考核成绩构成。其中，赛会活动文创产品设计的考核成绩占比为 30%，地方文创产品设计的考核成绩占比为 30%，国家文创产品设计的考核成绩占比为 40%。

上述参考性学习任务的考核应以其学习目标为依据确定考核要点，设计考核项目。考核项目可分为技能考核类、学习成果类和通用能力观察类等类别，通过细化其评分细则，分别从专业能力、通用能力等维度对学生学习情况进行考核。

（1）技能考核类考核项目可包括产品资料的收集和分析、设计方案的确定、三维模型的创建、渲染场景的搭建、实物模型的制作、设计提案的展示汇报等关键操作技能和心智技能。

（2）学习成果类考核项目涉及各学习环节产出的学习成果，可运用调研报告、手绘效果图、三维模型、三维效果图、工程图和工艺文件、实物模型和设计提案等多种形式。

（3）通用能力观察类考核项目可包括理解与表达、交往与合作、自我管理、自主学习、解决问题、时间意识、环保意识、版权意识、审美意识、创新思维、爱岗敬业、专注严谨、精益求精的工匠精神等学生学习过程中表现出来的通用能力、职业素养或思政素养。

2. 终结性考核（40%）

终结性考核应围绕本课程目标，结合课程终结性考核要点，选择企业真实工作任务或设计学习任务进行考核。

考核任务案例：天坛文创产品设计

【情境描述】

某文化公司计划为天坛开发一款文创产品套装，要求具备天坛显著特色，形式新颖，具备一定的功能性，如书写、遮阳、降温、音乐播放等，符合对应受众人群的需求，可作为天坛礼品、旅游纪念品使用。

【任务要求】

根据情境描述，在规定时间内完成以下任务：

（1）收集客户需求，基于调研报告及与教师沟通所了解的情况，制作天坛文创产品设计分析报告；

（2）完成一份 A3 横版 JPG 格式三维效果图设计，含标题、设计分析、产品效果图、产品三视图、产品使用情境和设计说明；

（3）完成一份 A3 横版 JPG 格式三维效果图设计，含标题、至少三个不同视角的产品效果图、产品配色方案和设计说明；

（4）将设计分析报告、手绘效果图和三维效果图整理成一份设计提案；

（5）组织设计汇报，与教师沟通进行优化调整，确定最终设计方案。

在工作过程中，操作者必须严格执行安全操作规程、企业质量体系管理制度、“7S”管理制度等企业管理规定。工作完成后，对文件归档整理，维护工作设备，保持工作场所整洁有序，并注意版权及授权范围，保证设计符合国家法律规定。

【参考资料】

完成上述任务时，可以使用所有常见教学资料，如专业教材、参考书、演示视频、优秀作品范例、素材网站范例等。

（建议：终结性考核成果需要进行橱窗展览、多媒体展示，组织邀请相关专业教师对课程内容及完成情况做出综合评价与改进建议。）

（十四）产品识别设计课程标准

工学一体化课程名称	产品识别设计	基准学时	90

典型工作任务描述

产品识别设计是工业设计师常见的工作任务之一。在本任务中，工业设计师主要负责系列化产品设计定位研究、系列化产品识别设计、产品识别设计规范制定、企业产品识别系统建立、产品识别设计提案制作等工作。

工业设计师从设计主管处获得设计需求后，通过组织团队合作的方式，对现有系列产品形象进行规划和重新设计，确定系列产品统一的特征，并将该特征应用于新产品的设计开发，形成具备高识别度的企业产品整体形象。产品识别设计方案需从产品的人性化、系统性、通用性、环保性等原则出发，兼顾经济效益和社会效益。工业设计师总结现有产品识别设计成果，制定产品识别设计规范，指导和管理新产品、新平台的开发。工业设计师以产品识别设计技能为基础，对产品设计趋势进行准确研判，为企业平台产品开发制定可行的设计策略，指导企业在新产品领域的创新探索。工业设计师在每个阶段工作完成后均需与设计主管进行沟通，根据反馈意见进行设计方向的调整和方案的优化，按时交付设计成果并对设计资料进行分类、整理和归档。

工业设计师在完成工作的过程中，需要遵守专利法、合同法、产品质量法、标准化法、商标法等相关法律法规，防止违法、违规、侵权等行为发生。

工作内容分析

工作对象：	工具、材料、设备与资料：	工作要求：
1. 客户需求的沟通，设计信息的获取，团队的组建，系列化产品设计定位的研究，设计方向的确定； 2. 系列化产品的识别设计，方案可行性的验证； 3. 产品识别设计方案应	1. 工具：铅笔、橡皮、针管笔、马克笔、高光笔； 2. 材料：绘图纸、打印纸； 3. 设备：计算机图形工作站、设计软件（如 Rhino、Creo、KeyShot、Photoshop、Illustrator、Premiere 等）、WPS 办	1. 了解客户需求，根据工作任务书要求组建团队，分析现有系列产品定位，确定设计方向； 2. 对系列产品进行统一特征的识别设计，并通过样机验证优化，获得可实现性的方案，方案需遵从产品的人性化、系统性、通用性、环保性等原则，兼顾经济效

续表

用于新产品的设计开发； 4. 产品识别设计语言的总结，产品识别设计规范的制定，企业产品识别系统的建立； 5. 产品识别设计原则和方法在其他领域系列新产品设计中的应用，新产品平台的建立； 6. 新行业、新领域产品设计趋势的分析、设计策略的制定，新产品的开发探索； 7. 设计成品的交付。	公软件、数位绘图板、打印机、扫描仪、移动硬盘； 4. 资料：工作页、工作任务书、工作计划表、参考书、优秀作品范例、素材网站范例。 **工作方法：** 系统思维法、设计定位分析法、总结归纳法、探索性研究法。 **劳动组织方式：** 工业设计师从设计主管处领取工作任务，组织团队开展设计，各阶段设计输出均需交设计主管审核，根据反馈意见进行修改并完成最终交付。	益和社会效益； 3. 将系列产品识别设计方案延展应用于多个新产品的设计开发，形成具备统一特征的系列化产品平台； 4. 制定产品识别设计规范，构建企业产品识别系统； 5. 将产品识别设计原则和方法应用于新领域、新产品设计，完成设计风格统一的新产品平台开发； 6. 运用产品识别设计技能，准确把握新领域、新产品设计趋势，制定指导性较强的设计策略，探索新产品的设计方向； 7. 对产品识别设计各阶段方案进行专业表达，与客户有效沟通，获取修改意见，根据意见优化方案，完成最终交付。

课程目标

学习完本课程后，学生应能胜任常见的产品识别设计工作，包括厨电产品识别设计、应用与管理，无人机产品识别设计，以及智能产品趋势分析与设计策略等，具备产品设计趋势的研判能力，能为新产品制定合理有效的设计策略，指导设计团队进行新平台的开发。严格遵守专利法、合同法、产品质量法、标准化法、商标法等相关法律法规，遵循文件制作、输出等设计要求及文件存储方式、资料存档等工作规范。

1. 能准确理解设计需求，明确交付进度和要求，能对团队协作进行有效的组织和管理；

2. 能根据客户需求，从产品的人性化、系统性、通用性、环保性等原则出发开展方案设计，方案兼顾经济效益和社会效益；

3. 能完成具备“家族”感及美感的系列化产品识别设计方案，并延展应用于新产品设计，形成具备统一特征的系列化产品平台；

4. 能归纳设计语言，制定平台产品识别设计规范，建立企业产品识别系统；

5. 能运用产品识别设计原则和方法，完成其他领域的系列新产品设计；

6. 能运用产品识别设计技能，准确把握新领域、新产品设计趋势，制定指导性较强的设计策略，探索新产品的设计方向；

7. 具备良好的沟通和表达能力，能对产品识别设计方案进行专业表述，获取客户意见并进行方案优化，按规范流程完成设计成品的输出和交付。

学习内容

本课程主要学习内容包括：

1. 工作任务要求的明确和产品定位分析报告

实践知识：专利法的查阅和解读，产品定位分析报告的制作。

续表

理论知识：产品定位、产品策略、产品识别设计原则。 2. 产品识别设计 实践知识：产品识别设计，平台产品“家族”化形象设计。 理论知识：产品形象特征，产品识别设计原则。 3. 产品识别设计方案的应用 实践知识：产品识别设计方案的应用设计。 理论知识：产品识别设计的应用方法。 4. 产品识别设计规范的撰写和设计管理 实践知识：产品识别设计语言的归纳，设计规范的撰写，规范在平台产品设计管理中的应用，统一企业产品形象的构建。 理论知识：规范撰写方法和要素，产品形象设计管理方法。 5. 新产品的设计应用 实践知识：产品识别设计技能的运用，新产品的设计应用。 理论知识：产品创新设计方法。 6. 产品设计趋势分析及设计策略报告制作 实践知识：对新产品设计趋势的准确分析，趋势分析报告的制作，设计策略的制定，未来产品开发设计的探索。 理论知识：产品设计趋势分析法，设计策略制定原则。 7. 设计成果的交付 实践知识：合同法、产品质量法、标准化法、商标法等相关法律法规的内容解读，项目交付内容和数量的核对，产品定位分析报告、产品识别设计方案、产品识别设计规范、产品趋势分析与设计策略报告等交付质量的检查。 理论知识：工作要求和行业标准成果交付要求。 8. 通用能力、职业素养、思政素养 理解与表达、交往与合作、自我管理、自主学习、解决问题、时间意识、环保意识、版权意识、审美意识、创新思维、爱岗敬业、专注严谨、精益求精的工匠精神等。

参考性学习任务

序号	名称	学习任务描述	参考学时
1	厨电产品识别设计、应用与管理	某知名家用厨房电器企业计划为年轻家庭用户开发一套系列化厨房电器产品，前期已完成产品功能的开发和样机测试，现需对该系列产品进行识别设计，以形成具备高识别度的系列产品形象特征。 学生从教师处领取工作任务后，与教师沟通，明确项目进度和交付要求，组织团队对产品进行定位分析，确定设计方向，对系列产品进行识别设计。从产品的人性化、系统性、通用性、环保性设计等原则出发开展方案设计，方案兼顾经济效益和社会效益。完成产品识别设计方案后需通过样机验证，并与教师沟通，根据反馈意见	50

续表

1	厨电产品识别设计、应用与管理	完善方案，最终获得可实现性的设计成果。组织团队在新平台产品设计中应用产品识别设计方案，形成整体的企业产品识别系统。总结平台产品设计语言，制定产品识别设计规范，指导和管理新平台产品的设计开发。	
2	无人机产品识别设计	某无人机产品制造企业已完成旗下农用无人机产品线多款不同规格的新产品开发，现需整合该系列产品形象，形成具备高识别度的农用无人机系列产品形象特征。 学生从教师处领取工作任务后，组织团队开展系列产品识别设计，方案设计需从产品的人性化、系统性、通用性、环保性等原则出发，兼顾经济效益和社会效益，方案应具备可实现性，需提交教师评审，并根据反馈意见完成修改，建立具备统一形象特征的农用无人机产品平台。	30
3	智能产品趋势分析与设计策略	某设计咨询公司接到企业订单，要求通过设计研究，为其提供有关智能产品设计趋势的报告，并制定合理有效的设计策略，以指导该企业在未来 10 年内智能产品领域的新平台开发。 学生从教师处领取工作任务后，组织专家团队协作，运用产品识别设计技能，开展智能产品趋势分析，探索未来产品设计方向，制定智能产品平台设计策略，并以大量的案例结合产品识别设计原则，论证设计策略的可行性。设计策略应遵从人性化、系统性、通用性、环保性等原则，兼顾经济效益和社会效益。	10

教学实施建议

1. 师资要求

教师须具备厨电产品识别设计、应用与管理，无人机产品识别设计，智能产品趋势分析与设计策略的企业实践经验，采用行动导向的教学方法，并具备本课程一体化课程教学设计与实施、一体化课程资源开发与应用、一体化课程标准开发等能力。

2. 教学组织方式方法建议

采用行动导向的教学方法。为确保教学安全，合理使用实训设施设备，提高学习效果，建议采用分组教学的形式（4～6 人 / 组），同时培养学生理解与表达、交往与合作、自我管理、自主学习、解决问题等通用能力。在完成工作任务的过程中，教师须加强示范与指导，注重学生时间意识、环保意识、版权意识、审美意识、创新思维等职业素养，爱岗敬业、专注严谨、精益求精的工匠精神等思政素养的培养。

有条件的地区，可通过引企入校或建立校外实训基地等方式，为学生提供真实的工作环境，由企业导师和专业教师协同教学。

3. 教学资源配备建议

（1）教学场地

学习工作站须具备良好的安全、照明和通风条件，可分为集中教学区、方案讨论区、成果展示区，并配置相应的文件服务器和多媒体教学系统等设备设施，面积以至少同时容纳 35 人开展教学活动为宜。

（2）工具、材料、设备

以个人为单位配备计算机图形工作站、工业设计软件（Rhino、Creo、KeyShot、Photoshop、Illustrator、CorelDRAW）、WPS 办公软件、铅笔、针管笔、马克笔、橡皮、绘图纸、打印纸、卡纸。以小组为单位配备刮刀、砂纸、锉刀、丙烯颜料、3D 打印耗材、3D 打印机、读卡器。

（3）教学资料

以工作页为主，配备系列化产品样品、工作任务书、工作计划表、教材、参考书、优秀作品范例、素材网站范例等教学资料。

4. 教学管理制度

执行工学一体化教学场所的管理规定，如需要进行校外认识实习和岗位实践，应严格遵守生产性实训基地、企业实习实践等管理制度。

教学考核要求

本课程考核采用过程性考核和终结性考核相结合的方式，课程考核成绩 = 过程性考核成绩 ×60%+ 终结性考核成绩 ×40%。

1. 过程性考核（60%）

过程性考核成绩由 3 个参考性学习任务考核成绩构成。其中，厨电产品识别设计、应用与管理的考核成绩占比为 30%，无人机产品识别设计的考核成绩占比为 30%，智能产品趋势分析与设计策略的考核成绩占比为 40%。

上述参考性学习任务的考核应以其学习目标为依据确定考核要点，设计考核项目。考核项目可分为技能考核类、学习成果类和通用能力观察类等类别，通过细化其评分细则，分别从专业能力、通用能力等维度对学生学习情况进行考核。

（1）技能考核类考核项目可包括产品定位分析、产品识别设计、产品平台家族化形象设计、产品识别设计方案的应用设计、产品识别设计规范的撰写等关键操作技能和心智技能。

（2）学习成果类考核项目涉及各学习环节产出的学习成果，可运用调研报告、手绘效果图、三维模型、三维效果图、工程图和工艺文件、实物模型和设计提案等多种形式。

（3）通用能力观察类考核项目可包括理解与表达、交往与合作、自我管理、自主学习、解决问题、时间意识、环保意识、版权意识、审美意识、创新思维、爱岗敬业、专注严谨、精益求精的工匠精神等学生学习过程中表现出来的通用能力、职业素养或思政素养。

2. 终结性考核（40%）

终结性考核应围绕本课程目标，结合课程终结性考核要点，选择企业真实工作任务或设计学习任务进行考核。

考核任务案例：工业手持电动工具系列产品识别设计

【情境描述】

某工业手持电动工具企业将为工厂流水线开发一系列手持电动工具产品，前期已完成该系列产品的功能开发和样机测试，现需对产品进行识别设计，形成具备高识别度的系列产品形象特征，在工业手持电动工具市场中独树一帜。

【任务要求】

根据情境描述，在规定时间内完成以下任务：

（1）梳理项目设计流程，了解产品识别设计原则和方法；

（2）按照情境描述的项目需求，完成工业手持电动工具系列产品识别设计方案；

（3）总结产品识别设计成果，完成产品识别设计规范撰写和应用说明；

（4）每个阶段的设计输出需进行提案汇报，并根据意见完善方案；

（5）在工作过程中注意设计方案版权，保证设计符合国家相关法律规定。

【参考资料】

完成上述任务时，可以使用所有常见教学资料，如专业教材、参考书、演示视频、优秀作品范例、素材网站范例等。

（建议：终结性考核成果需要进行橱窗展览、多媒体展示，组织邀请相关专业教师对课程内容及完成情况做出综合评价与改进建议。）

（十五）工业设计技术指导与培训课程标准

一体化课程名称	工业设计技术指导与培训	基准学时	90

典型工作任务描述

工业设计技术指导与培训是由设计主管或高级工业设计师，对工业设计师进行工业设计行业规范、工业设计技术难点、工业设计全流程等方面的指导和培训，是帮助工业设计师职业能力持续提升的一种手段。

技术指导与培训是高级工业设计师常见的工作任务之一。在本任务中，高级工业设计师主要负责工业设计行业规范培训、工业设计技术难点指导、工业设计技术流程培训等工作。

高级工业设计师获取培训任务，了解培训需求，从人性化、系统性、通用性、环保性、创新性、社会效益、经济效益出发，采用思维导图法梳理培训思路，确定培训内容和测评方法，制订详细的培训计划。撰写培训方案，制作培训课件，做好培训资料的准备，及时与培训主管沟通确定培训内容与流程。根据培训方案，依据技术要求，采取现场讲解、操作示范和个别指导等方式确保学员掌握理论知识和实操技能。根据培训方案的测评要求，对学员的理论知识和实操技能进行评估，及时点评，通过满意度调查表等形式对培训效果进行评价，收集反馈意见，分析培训效果，不断提升。根据培训工作的时间和交付要求，编写培训总结报告，对培训对象测评成绩和培训项目总结报告文件进行命名、存储，在规定时间内交付，确保交付内容完整，格式正确。

高级工业设计师在完成工作的过程中，需要遵守《企业培训师国家职业标准》、著作权法、专利法、合同法、产品质量法、标准化法、商标法等相关标准和法律法规，防止违法、违规、侵权等行为。同时应遵循文件制作、输出等设计要求及文件存储方式、资料存档等公司工作规范。

续表

工作内容分析		
工作对象： 1. 领取培训任务，明确培训需求； 2. 制订培训计划； 3. 撰写培训方案； 4. 执行培训方案，完成培训任务； 5. 评估培训效果，调查培训满意度； 6. 验收与归档培训文件，交付培训总结。	**工具、材料、设备与资料：** 1. 工具：铅笔、针管笔、马克笔、橡皮、刮刀、砂纸、锉刀； 2. 材料：绘图纸、打印纸、卡纸、油泥、丙烯颜料、木板、3D 打印耗材； 3. 设备：计算机图形工作站、工业设计软件（Rhino、Creo、KeyShot、Photoshop、Illustrator、CorelDRAW）、WPS 办公软件、3D 打印机、小型激光切割机、读卡器； 4. 资料：工作页、工作任务书、工作计划表、参考书、优秀作品范例、素材网站范例。 **工作方法：** 访谈法、信息提炼法、资料信息收集法、文献检索法、讲授法、演示法、行动导向法、小组讨论法、系统思维法、统筹协作法、交叉研究法、探索性研究法。 **劳动组织方式：** 高级工业设计师（或团队）从培训主管处领取工作任务，与培训主管进行沟通，明确工作时间和设计要求，以独立或团队合作的方式完成培训方案设计，交培训主管审核并修改。	**工作要求：** 1. 依据培训对象的人数规模、能力基础、岗位能力要求等任务信息确认培训任务单，与培训主管进行专业沟通，确定培训内容、培训目标，了解培训时间、测评方式、培训方案与总结交付等要求； 2. 从人性化、系统性、通用性、环保性、创新性、社会效益、经济效益出发，采用思维导图法梳理培训思路，确定培训内容和测评方法，制订详细的培训计划； 3. 撰写培训方案，制作培训课件，做好培训资料的准备，及时与培训主管沟通确定培训内容与流程； 4. 根据培训方案，依据技术要求，采取现场讲解、操作示范和个别指导等方式确保学员掌握理论知识和实操技能； 5. 根据培训方案的测评要求，对学员的理论知识和实操技能进行评估，及时点评，通过满意度调查表等形式对培训效果进行评价，收集反馈意见，分析培训效果，不断提升； 6. 根据培训工作的时间和交付要求编写培训总结报告，对培训对象测评成绩和培训项目总结报告文件进行命名、存储，在规定时间内交付，确保交付内容完整，格式正确。

课程目标
学习完本课程后，学生应能胜任工业设计技术指导与培训工作，包括工业设计行业规范培训、工业设计技术难点指导和工业设计技术全流程培训。 1. 能依据培训对象的人数规模、能力基础、岗位能力要求等任务信息确认培训任务单，与培训主管进行专业沟通，确定培训内容、培训目标，了解培训时间、测评方式、培训方案与总结交付要求； 2. 能从人性化、系统性、通用性、环保性、创新性、社会效益、经济效益出发，采用思维导图法梳理

培训思路，确定培训内容和测评方法，制订详细的培训计划；

3. 能撰写培训方案，制作培训课件，做好培训资料的准备，及时与培训主管沟通确定培训内容与流程；

4. 能根据培训方案，依据技术要求，采取现场讲解、操作示范和个别指导等方式确保学员掌握理论知识和实操技能；

5. 能根据培训方案的测评要求，对学员的理论知识和实操技能进行评估，及时点评，通过满意度调查表等形式对培训效果进行评价，收集反馈意见，分析培训效果，不断提升；

6. 能根据培训工作的时间和交付要求编写培训总结报告，对培训对象测评成绩和培训项目总结报告文件进行命名、存储，在规定时间内交付，确保交付内容完整，格式正确。

学习内容

本课程主要学习内容包括：

1. 领取培训任务，明确培训需求

实践知识：使用访谈法、交叉研究法、探索性研究法组织进行培训的需求整理和分析，培训工作计划的制订。

理论知识：工业设计技术知识，工业设计技术全流程培训工作标准，测评方式技术要求。

2. 制订培训计划

实践知识：同类型培训资料的收集参考，《企业培训师国家职业标准》的查阅与解读，技术培训计划表的填写，技术培训对象特点及现状的分析，技术培训需求的分析，培训内容和测评方法的分析，培训时间的分配，培训计划的确认。

理论知识：资料信息收集法，培训计划制订规范，培训内容纲要，培训计划各环节工作要点，培训案例。

3. 撰写培训方案

实践知识：培训计划表的制订，培训教案的编写，培训课件的制作，技术培训方案的撰写，技术培训方案的展示与优化，培训方案组成要素、培训方案内容、培训测评标准的检查确认。

理论知识：文献检索法，工业设计培训方案纲要，培训教案编制要点，培训课件 PPT 制作要求，培训测评标准。

4. 执行培训方案，完成培训任务

实践知识：培训方案的解读，培训流程的确认，培训内容的讲授、演示、辅导，培训设备、资源的使用，技术培训方法的选择，技术培训现场问题分析。

理论知识：培训讲授法，行动导向法，小组讨论法，培训教学方法、种类及概念，培训现场问题要点。

5. 评估培训效果，调查培训满意度

实践知识：理论测试、实操考评等评价方法的运用，满意度调查表的设计和运用，反馈意见的收集，技术培训效果评价方式的选择，技术培训效果的分析。

理论知识：检验评价法，评价组织法，反馈调查法，评价体系与满意度调查的概念、内容。

6. 验收与归档培训文件，交付培训总结

实践知识：培训成绩单、培训记录表的填写，培训工作总结报告的撰写，培训说课稿的撰写，资料文

续表

件的归类存档，培训成果交付方式的选择，培训工作经验的归纳。

理论知识：文案撰写法，说课稿撰写法，文件整理归档法，培训工作总结格式、内容，培训说课稿格式、内容，培训文件资料管理规范。

7. 通用能力、职业素养、思政素养

理解与表达、交往与合作、自我管理、自主学习、解决问题、时间意识、环保意识、版权意识、审美意识、创新思维、爱岗敬业、专注严谨、精益求精的工匠精神等。

参考性学习任务

序号	名称	学习任务描述	参考学时
1	工业设计行业规范培训	某工业设计公司招聘了5名毕业生加入设计部，现需要对新入职毕业生进行为期5天的工业设计行业规范培训，使新入职毕业生了解工业行业相关法律法规，在以后的日常工作中能符合行业法律法规要求，不出现违法违规行为。 学生与教师沟通后，了解培训需求，从人性化、系统性、通用性、环保性、创新性、社会效益、经济效益出发，采用思维导图法梳理培训思路，确定工业设计行业规范的培训内容和测评方法，制订详细的培训计划。撰写行业规范培训方案，制作行业规范培训课件，做好培训资料的准备，及时与教师沟通确定培训内容与流程。根据培训方案，依据技术要求，采取现场讲解、操作示范和个别指导等方式确保学员掌握理论知识和实操技能。根据培训方案的测评要求，对学员的行业规范理论知识和实操技能进行评估，及时点评，通过满意度调查表等形式对培训效果进行评价，收集反馈意见，分析培训效果。根据培训工作的时间和交付要求，编写培训总结报告，对培训对象测评成绩和培训项目总结报告文件进行命名、存储，在规定时间内交付，确保交付内容完整，格式正确。 学习过程中，操作者必须严格执行安全操作规程、企业质量体系管理制度、“7S”管理制度等企业管理规定。工作完成后，对文件归档整理，维护工作设备，保持工作场所整洁有序，并注意版权及授权范围，保证设计符合国家法律规定。	50
2	工业设计技术难点指导	某工业设计公司设计总监需要对工业设计师进行技术难点指导，强化技术流程。 学生与教师沟通后，了解培训需求，从人性化、系统性、通用性、环保性、创新性、社会效益、经济效益出发，采用思维导图法梳理培训思路，确定工业设计技术难点指导的培训内容和测评方法，制订详细的培训计划。根据工业设计技术难点撰写培训方案，制作培训课件，做好培训资料的准备，及时与教师沟通确定培训内容与流程。根据培训方案，依据工业设计技术难点，从发现问题、分析问题、解决问题、	50

续表

2	工业设计技术难点指导	效果评估的角度撰写设计报告书，采取现场讲解、操作示范和个别指导等方式确保学员掌握理论知识和实操技能。根据培训方案的测评要求，对学员的理论知识和实操技能进行评估，及时点评，通过满意度调查表等形式对培训效果进行评价，收集反馈意见，分析培训效果。根据培训工作的时间和交付要求，编写培训总结报告，对培训对象测评成绩和培训项目总结报告文件进行命名、存储，在规定时间内交付，确保交付内容完整，格式正确。 学习过程中，操作者必须严格执行安全操作规程、企业质量体系管理制度、“7S”管理制度等企业管理规定。工作完成后，对文件归档整理，维护工作设备，保持工作场所整洁有序，并注意版权及授权范围，保证设计符合国家法律规定。	
3	工业设计技术全流程培训	某工业设计公司主要业务是提供外观设计、产品设计开发等服务，现招聘了5名毕业生，需要对其进行工业设计技术全流程培训，使其熟悉工业设计公司工作流程，快速融入团队的工作中。 学生与教师沟通了解培训需求后，从人性化、系统性、通用性、环保性、创新性、社会效益、经济效益出发，采用思维导图法梳理培训思路，确定工业设计技术全流程培训内容和测评方法，制订详细的培训计划。根据工业设计技术的全流程（设计分析、设计创意、设计表现、模型制作、工程图输出、设计展示等）撰写培训方案，制作培训课件，做好培训资料的准备，及时与教师沟通确定培训内容与流程。根据培训方案，采取现场讲解、操作示范和个别指导等方式确保学员掌握理论知识和实操技能。根据培训方案的测评要求，对学员的理论知识和实操技能进行评估，及时点评，通过满意度调查表等形式对培训效果进行评价，收集反馈意见，分析培训效果。根据培训工作的时间和交付要求，编写培训总结报告，对培训对象测评成绩和培训项目总结报告文件进行命名、存储，在规定时间内交付，确保交付内容完整，格式正确。 学习过程中，操作者必须严格执行安全操作规程、企业质量体系管理制度、“7S”管理制度等企业管理规定。工作完成后，对文件归档整理，维护工作设备，保持工作场所整洁有序，并注意版权及授权范围，保证设计符合国家法律规定。	50

教学实施建议

1. 师资要求

教师须具备工业设计行业规范培训、工业设计技术难点指导、工业设计技术全流程培训经验，了解企业设计流程，采用行动导向的教学方法，并具备本课程一体化课程教学设计与实施、一体化课程资源开发与应用、一体化课程标准开发等能力。

2. 教学组织方式方法建议

为确保教学安全，提高教学效果，建议采用集中教学、分别辅导的形式；在完成工作任务的过程中，教师须加强示范与指导，注重学生职业素养和规范操作的培养。

3. 教学资源配备建议

（1）教学场地

学习工作站须具备良好的安全、照明和通风条件，可分为集中教学区、方案讨论区、成果展示区，并配置相应的文件服务器和多媒体教学系统等设备设施，面积以至少同时容纳 35 人开展教学活动为宜。

（2）工具、材料、设备

以个人为单位配备计算机图形工作站、工业设计软件（Rhino、Creo、KeyShot、Photoshop、Illustrator、CorelDRAW）、WPS 办公软件、铅笔、针管笔、马克笔、橡皮、绘图纸、打印纸、卡纸。以小组为单位配备刮刀、砂纸、锉刀、丙烯颜料、3D 打印耗材、3D 打印机、读卡器。

（3）教学资料

以工作页为主，配备工作任务书、工作计划表、教材、参考书、优秀作品范例、素材网站范例等教学资料。

4. 教学管理制度

执行工学一体化教学场所的管理规定，如需要进行校外认识实习和岗位实践，应严格遵守生产性实训基地、企业实习实践等管理制度。

教学考核要求

本课程考核采用过程性考核和终结性考核相结合的方式，课程考核成绩 = 过程性考核成绩 ×60%+ 终结性考核成绩 ×40%。

1. 过程性考核（60%）

过程性考核成绩由 3 个参考性学习任务考核成绩构成。其中工业设计行业规范培训的考核成绩占比为 30%，工业设计技术难点指导的考核成绩占比为 30%，工业设计技术全流程培训的考核成绩占比为 40%。

上述参考性学习任务的考核应以其学习目标为依据确定考核要点，设计考核项目。考核项目可分为技能考核类、学习成果类和通用能力观察类等类别，通过细化其评分细则，分别从专业能力、通用能力等维度对学生学习情况进行考核。

（1）技能考核类考核项目可包括培训工作计划的制订、培训方案的设计、培训课件的设计制作、培训预演排练、培训计划的执行与效果评估、培训文件资料及培训总结的交付等关键操作技能和心智技能。

（2）学习成果类考核项目涉及各学习环节产出的学习成果，可运用培训计划、培训课件、预演录像、课堂录像、培训总结等多种形式。

（3）通用能力观察类考核项目可包括理解与表达、交往与合作、自我管理、自主学习、解决问题、时间意识、环保意识、版权意识、审美意识、创新思维、爱岗敬业、专注严谨、精益求精的工匠精神等学生学习过程中表现出来的通用能力、职业素养或思政素养。

2. 终结性考核

终结性考核应围绕本课程目标，结合课程终结性考核要点，选择企业真实工作任务或设计学习任务进行考核。

考核任务案例：经典设计案例培训方案设计

【情境描述】

某工业设计公司主要业务是提供外观设计、产品设计开发等服务。现招聘了多名新入职设计师，需要对其进行工业设计经典设计案例培训，通过案例分析进行工业设计技术流程学习，引导参培人员进行流行趋势、前瞻趋势的分析思考。

【任务要求】

根据情境描述，在规定时间内完成以下任务：

（1）完成工业设计经典设计案例培训方案设计，内容和流程设计需满足客户需求；

（2）完成一份 DOC 格式的培训方案，含培训主题、培训流程、培训内容框架、培训注意事项等；

（3）完成一份 PPT 格式的培训课件，含培训主题、全部培训内容和资料。

在工作过程中，操作者必须严格执行安全操作规程、企业质量体系管理制度、“7S”管理制度等企业管理规定。工作完成后，对文件归档整理，维护工作设备，保持工作场所整洁有序，并注意版权及授权范围，保证设计符合国家法律规定。

【参考资料】

完成上述任务时，可以使用所有常见教学资料，如专业教材、参考书、演示视频、优秀作品范例、素材网站范例等。

（建议：终结性考核成果需要进行橱窗展览、多媒体展示，组织邀请相关专业教师对课程内容及完成情况做出综合评价与改进建议。）

六、实施建议

（一）师资队伍

1. 师资队伍结构。应配备一支与培养规模、培养层级和课程设置相适应的业务精湛、素质优良、专兼结合的工学一体化教师队伍。中、高级技能层级的师生比不低于 1∶20，兼职教师人数不得超过教师总数的三分之一，具有企业实践经验的教师应占教师总数的 20% 以上；预备技师（技师）层级的师生比不低于 1∶18，兼职教师人数不得超过教师总数的三分之一，具有企业实践经验的教师应占教师总数的 25% 以上。

2. 师资资质要求。教师应符合国家规定的学历要求并具备相应的教师资格。承担中、高级技能层级工学一体化课程教学任务的教师应具备高级及以上职业技能等级；承担预备技师（技师）层级工学一体化课程教学任务的教师应具备技师及以上职业技能等级。

3. 师资素质要求。教师思想政治素质和职业素养应符合《中华人民共和国教师法》和教师职业行为准则等要求。

4. 师资能力要求。承担工学一体化课程教学任务的教师应具备独立完成工学一体化课程相应学习任务的工作实践能力。三级工学一体化教师应具备工学一体化课程教学实施、工学一体化课程考核实施、教学场所使用管理等能力；二级工学一体化教师应具备工学一体化学习任务分析与策划、工学一体化学习任务考核设计、工学一体化学习任务教学资源开发、工学一体化示范课设计与实施等能力；一级工学一体化教师应具备工学一体化课程标准转化与设计、工学一体化课程考核方案设计、工学一体化教师教学工作指导等能力。一级、二级、三级工学一体化教师比以 1∶3∶6 为宜。

（二）场地设备

教学场地应满足培养要求中规定的典型工作任务实施和相应工学一体化课程教学的环境及设备设施要求，同时应保证教学场地具备良好的安全、照明和通风条件。其中校内教学场地和设备设施应能支持资料查阅、教师授课、小组研讨、任务实施、成果展示等活动的开展；企业实训基地应具备工作任务实践与技术培训等功能。

其中，校内教学场地和设备设施应按照不同层级技能人才培养要求中规定的典型工作任务实施要求和工学一体化课程教学需要进行配置。具体包括如下要求：

1. 实施“时尚产品设计”工学一体化课程的学习工作站应配置手绘与手工制作室，多媒体教学系统、3D 打印机等设备设施，以及马克笔、彩色铅笔等工具材料。

2. 实施“餐具设计”“文具设计”“玩具设计”“家具设计”“体育用品设计”“钟表设计”工学一体化课程的学习工作站，应配置图形工作站、手绘板、文件服务器和多媒体教学系统等设备设施。

3. 实施“美妆产品设计”“小家电设计”“户外电子产品设计”“通信产品设计”“健康护理产品设计”工学一体化课程的学习工作站，应配置图形工作站、手绘板、无线路由器、多媒体教学系统等设备设施。

4. 实施“文创产品设计”“产品识别设计”“工业设计技术指导与培训”工学一体化课程的学习工作站，应配置图形工作站、网络服务器、多媒体教学系统等设备设施。

上述学习工作站建议每个工位以 1 人学习与工作的标准进行配置。

（三）教学资源

教学资源应按照培养要求中规定的典型工作任务实施要求和工学一体化课程教学需要进行配置。具体包括如下要求：

1. 实施“时尚产品设计”“餐具设计”“文具设计”“玩具设计”“家具设计”“体育用品设计”“钟表设计”工学一体化课程宜配置手绘效果图设计、三维建模及渲染表现、手工模型制作等教材及相应的工作页、信息页、教学课件、操作规程、典型案例、技术规范、技术标准和数字化资源等。

2. 实施“美妆产品设计”“小家电设计”“户外电子产品设计”“通信产品设计”“健康护理产品设计”工学一体化课程宜配置设计调研和分析、数字化设计、模型制作等教材及相应的工作页、信息页、教学课件、操作规程、典型案例、技术规范、技术标准和数字化资源等。

3. 实施“文创产品设计”“产品识别设计”工学一体化课程宜配置文创产品设计、产品识别设计等教材及相应的工作页、信息页、教学课件、操作规程、典型案例、技术规范、技术标准和数字化资源等。

4. 实施“工业设计技术指导与培训”工学一体化课程宜配置设计管理等教材及相应的工作页、信息页、教学课件、操作规程、典型案例、技术规范、技术标准和数字化资源等。

（四）教学管理制度

本专业应根据培养模式提出的培养机制实施要求和不同层级运行机制需要，建立有效的教学管理制度，包括学生学籍管理、专业与课程管理、师资队伍管理、教学运行管理、教学安全管理、岗位实习管理、学生成绩管理等文件。其中，中级技能层级的教学运行管理宜采用“学校为主、企业为辅”校企合作运行机制；高级技能层级的教学运行管理宜采用“校企双元、人才共育”校企合作运行机制；预备技师（技师）层级的教学运行管理宜采用“企业为主、学校为辅”校企合作运行机制。

七、考核评价

（一）综合职业能力评价

本专业可根据不同层级技能人才培养目标及要求，科学设计综合职业能力评价方案并对学生开展综合职业能力评价。评价时应遵循技能评价的情境原则，让学生完成源于真实工作的案例性任务，通过对其工作行为、工作过程和工作成果的观察分析，评价学生的工作能力和工作态度。

评价题目应来源于本职业（岗位或岗位群）的典型工作任务，是通过对从业人员实际工作内容、过程、方法和结果的提炼概括形成的具备普遍性、稳定性和持续性的工作项目。题目可包括仿真模拟、客观题、真实性测试等多种类型，并可借鉴职业能力测评项目以及世界技能大赛项目的设计和评估方式。

（二）职业技能评价

本专业的职业技能评价应按照现行职业资格评价或职业技能等级认定的相关规定执行。中级技能层级宜取得玩具设计员（国家职业资格四级）证书、助理玩具设计师（国家职业资格三级）证书；高级技能层级宜取得玩具设计师（国家职业资格二级）证书；预备技师（技师）层级宜取得高级玩具设计师（国家职业资格一级）证书。

（三）毕业生就业质量分析

本专业应对毕业后就业一段时间（毕业半年、毕业一年等）的毕业生开展就业质量调查，宜从毕业生规模、性别、培养层次、持证比例等维度多元分析毕业生总体就业率、专业对口就业率、稳定就业率、就业行业岗位分布、就业地区分布、薪酬待遇水平，以及用人单位满意度等数量指标。通过开展毕业生就业质量分析，持续提升本专业建设水平。

责任编辑　邓硕
责任校对　朱岩
责任设计　郭艳

ISBN 978-7-5167-6148-9

定价：21.00 元

工业设计专业
国家技能人才培养
工学一体化课程设置方案

人力资源社会保障部

中国劳动社会保障出版社

人力资源社会保障部办公厅关于印发31个专业国家技能人才培养工学一体化课程标准和课程设置方案的通知

人社厅函〔2023〕152号

各省、自治区、直辖市及新疆生产建设兵团人力资源社会保障厅（局）：

为贯彻落实《技工教育“十四五”规划》（人社部发〔2021〕86号）和《推进技工院校工学一体化技能人才培养模式实施方案》（人社部函〔2022〕20号），我部组织制定了31个专业国家技能人才培养工学一体化课程标准和课程设置方案（31个专业目录见附件），现予以印发。请根据国家技能人才培养工学一体化课程标准和课程设置方案，指导技工院校规范设置课程并组织实施教学，推动人才培养模式变革，进一步提升技能人才培养质量。

附件：31个专业目录

人力资源社会保障部办公厅

2023年11月13日

附件

31个专业目录

（按专业代码排序）

1. 机床切削加工（车工）专业
2. 数控加工（数控车工）专业
3. 数控机床装配与维修专业
4. 机械设备装配与自动控制专业
5. 模具制造专业
6. 焊接加工专业
7. 机电设备安装与维修专业
8. 机电一体化技术专业
9. 电气自动化设备安装与维修专业
10. 楼宇自动控制设备安装与维护专业
11. 工业机器人应用与维护专业
12. 电子技术应用专业
13. 电梯工程技术专业
14. 计算机网络应用专业
15. 计算机应用与维修专业
16. 汽车维修专业
17. 汽车钣金与涂装专业
18. 工程机械运用与维修专业
19. 现代物流专业
20. 城市轨道交通运输与管理专业
21. 新能源汽车检测与维修专业
22. 无人机应用技术专业
23. 烹饪（中式烹调）专业
24. 电子商务专业
25. 化工工艺专业
26. 建筑施工专业
27. 服装设计与制作专业
28. 食品加工与检验专业
29. 工业设计专业
30. 平面设计专业
31. 环境保护与检测专业

工业设计专业国家技能人才培养工学一体化课程设置方案

一、适用范围

本方案适用于技工院校工学一体化技能人才培养模式各技能人才培养层级，包括初中起点三年中级技能、高中起点三年高级技能、初中起点五年高级技能、高中起点四年预备技师（技师）、初中起点六年预备技师（技师）等培养层级。

二、基本要求

（一）课程类别

本专业开设课程由公共基础课程、专业基础课程、工学一体化课程、选修课程构成。其中，公共基础课程依据人力资源社会保障部颁布的《技工院校公共基础课程方案（2022 年）》开设，工学一体化课程依据人力资源社会保障部颁布的《工业设计专业国家技能人才培养工学一体化课程标准》开设。

（二）学时要求

每学期教学时间一般为 20 周，每周学时一般为 30 学时。

各技工院校可根据所在地区行业企业发展特点和校企合作实际情况，对专业课程（专业基础课程和工学一体化课程）设置进行适当调整，调整量应不超过 30%。

三、课程设置

课程类别	课程名称
公共基础课程	思想政治
	语文
	历史
	数学
	英语
	数字技术应用
	体育与健康
	美育
	劳动教育
	通用职业素质
	物理
	其他
专业基础课程	综合造型基础
	图像处理
	艺术与设计史
	产品制图
	产品设计手绘
	视觉传达设计
	产品材料工艺
	人因工程设计
工学一体化课程	时尚产品设计
	餐具设计
	文具设计
	玩具设计
	家具设计
	体育用品设计

续表

课程类别	课程名称
工学一体化课程	钟表设计
	美妆产品设计
	小家电设计
	户外电子产品设计
	通信产品设计
	健康护理产品设计
	文创产品设计
	产品识别设计
	工业设计技术指导与培训

四、教学安排建议

（一）中级技能层级课程表（初中起点三年）

课程类别	课程名称	参考学时	学期					
			第 1 学期	第 2 学期	第 3 学期	第 4 学期	第 5 学期	第 6 学期
公共基础课程	思想政治	144	√	√	√	√		
	语文	200	√	√	√	√		
	历史	72	√	√				
	数学	90	√	√				
	英语	90	√	√				
	数字技术应用	72	√	√				
	体育与健康	108	√	√	√	√		
	美育	18	√					
	劳动教育	48	√	√	√	√		
	通用职业素质	90	√	√	√			

续表

课程类别	课程名称	参考学时	学期					
			第1学期	第2学期	第3学期	第4学期	第5学期	第6学期
公共基础课程	物理	36	√					
	其他	18	√	√	√			
专业基础课程	综合造型基础	120	√					
	图像处理	80	√					
	艺术与设计史	40			√			
	产品制图	120		√				
	产品设计手绘	120		√				
	视觉传达设计	80			√			
	产品材料工艺	120			√			
	人因工程设计	80			√			
工学一体化课程	时尚产品设计	150				√		
	餐具设计	150				√		
	文具设计	150				√		
	玩具设计	150					√	
	家具设计	150					√	
	体育用品设计	150					√	
	钟表设计	150					√	
选修课	经典产品设计赏析	36			√			
机动		168						
岗位实习								√
总学时		3 000						

注："√"表示相应课程建议开设的学期，后同。

（二）高级技能层级课程表（高中起点三年）

课程类别	课程名称	参考学时	学期					
			第1学期	第2学期	第3学期	第4学期	第5学期	第6学期
公共基础课程	思想政治	144	√	√				
	语文	72	√	√				
	数学	54	√	√				
	英语	90	√	√				
	数字技术应用	72	√	√				
	体育与健康	72	√	√				
	美育	18	√					
	劳动教育	48	√	√	√			
	通用职业素质	90	√	√				
	其他	18	√	√	√			
专业基础课程	综合造型基础	80	√					
	图像处理	80	√					
	艺术与设计史	40	√					
	产品制图	80		√				
	产品设计手绘	80		√				
	视觉传达设计	80				√		
	产品材料工艺	80				√		
	人因工程设计	40				√		
工学一体化课程	时尚产品设计	150			√			
	餐具设计	120			√			
	文具设计	120			√			
	玩具设计	180			√			
	家具设计	180				√		
	体育用品设计	150				√		
	钟表设计	120				√		

续表

课程类别	课程名称	参考学时	学期					
			第1学期	第2学期	第3学期	第4学期	第5学期	第6学期
工学一体化课程	美妆产品设计	150					√	
	小家电设计	120					√	
	户外电子产品设计	90					√	
	通信产品设计	120					√	
	健康护理产品设计	120					√	
选修课	经典产品设计赏析	36			√			
	产品动画设计	36				√		
	Unity 交互设计	36					√	
	机动	34						
	岗位实习							√
	总学时	3 000						

（三）高级技能层级课程表（初中起点五年）

课程类别	课程名称	参考学时	学期									
			第1学期	第2学期	第3学期	第4学期	第5学期	第6学期	第7学期	第8学期	第9学期	第10学期
公共基础课程	思想政治	300	√	√	√			√	√	√		
	语文	240	√	√	√			√	√	√		
	历史	72	√	√								
	数学	150	√	√	√				√	√		
	英语	180	√	√	√				√	√		
	数字技术应用	72	√	√								
	体育与健康	200	√	√	√	√	√		√	√	√	
	美育	18		√								
	劳动教育	48	√	√	√				√	√	√	

续表

课程类别	课程名称	参考学时	学期									
			第 1 学期	第 2 学期	第 3 学期	第 4 学期	第 5 学期	第 6 学期	第 7 学期	第 8 学期	第 9 学期	第 10 学期
公共基础课程	通用职业素质	90	√	√	√							
	物理	36	√									
	其他	36	√	√	√				√	√	√	
专业基础课程	综合造型基础	120	√									
	图像处理	80	√									
	艺术与设计史	40		√								
	产品制图	120			√							
	产品设计手绘	120				√						
	视觉传达设计	80				√						
	产品材料工艺	120							√			
	人因工程设计	80							√			
工学一体化课程	时尚产品设计	150		√								
	餐具设计	200			√							
	文具设计	150				√						
	玩具设计	200				√						
	家具设计	200					√					
	体育用品设计	200					√					
	钟表设计	150					√					
	美妆产品设计	200							√			
	小家电设计	200								√		
	户外电子产品设计	200								√		
	通信产品设计	200									√	
	健康护理产品设计	200									√	
选修课	经典产品设计赏析	36			√							
	产品动画设计	36							√			
	Unity 交互设计	36								√		
	产品商业模式策划	36									√	

续表

课程类别	课程名称	参考学时	学期									
			第1学期	第2学期	第3学期	第4学期	第5学期	第6学期	第7学期	第8学期	第9学期	第10学期
机动		204										
岗位实习								√				√
总学时		4 800										

（四）预备技师（技师）层级课程表（高中起点四年）

课程类别	课程名称	参考学时	学期							
			第1学期	第2学期	第3学期	第4学期	第5学期	第6学期	第7学期	第8学期
公共基础课程	思想政治	144	√	√	√	√	√	√		
	语文	72	√	√						
	数学	72	√	√						
	英语	90	√	√	√					
	数字技术应用	72	√	√						
	体育与健康	72	√	√						
	美育	18	√							
	劳动教育	48	√	√	√	√	√	√		
	通用职业素质	90				√	√	√		
	其他	18	√	√	√					
专业基础课程	综合造型基础	150	√							
	图像处理	120	√							
	艺术与设计史	80		√						
	产品制图	150		√						
	产品设计手绘	150					√			
	视觉传达设计	120						√		
	产品材料工艺	150			√					
	人因工程设计	120				√				

续表

课程类别	课程名称	参考学时	学期							
			第 1 学期	第 2 学期	第 3 学期	第 4 学期	第 5 学期	第 6 学期	第 7 学期	第 8 学期
工学一体化课程	时尚产品设计	150		√						
	餐具设计	120			√					
	文具设计	120			√					
	玩具设计	180				√				
	家具设计	180				√				
	体育用品设计	150					√			
	钟表设计	120					√			
	美妆产品设计	150						√		
	小家电设计	120						√		
	户外电子产品设计	90						√		
	通信产品设计	120							√	
	健康护理产品设计	120							√	
	文创产品设计	90							√	
	产品识别设计	90							√	
	工业设计技术指导与培训	90							√	
选修课	经典产品设计赏析	36			√					
	产品动画设计	36				√				
	Unity 交互设计	36					√			
	产品商业模式策划	36							√	
机动		430								
岗位实习										√
总学时		4 200								

（五）预备技师（技师）层级课程表（初中起点六年）

课程类别	课程名称	参考学时	学期											
			第1学期	第2学期	第3学期	第4学期	第5学期	第6学期	第7学期	第8学期	第9学期	第10学期	第11学期	第12学期
公共基础课程	思想政治	300	√	√	√	√	√		√	√	√	√	√	
	语文	240	√	√	√	√	√		√					
	历史	72	√	√										
	数学	150	√	√	√				√	√				
	英语	180	√	√	√				√	√	√			
	数字技术应用	72	√	√										
	体育与健康	200	√	√	√	√	√		√	√	√			
	美育	18	√											
	劳动教育	48	√	√	√	√	√		√	√	√			
	通用职业素质	90	√	√	√									
	物理	36												
	其他	36	√	√	√				√	√	√			
专业基础课程	综合造型基础	150	√											
	图像处理	120		√										
	艺术与设计史	80			√									
	产品制图	150			√									

续表

课程类别	课程名称	参考学时	学期											
			第1学期	第2学期	第3学期	第4学期	第5学期	第6学期	第7学期	第8学期	第9学期	第10学期	第11学期	第12学期
专业基础课程	产品设计手绘	150							√					
	视觉传达设计	120									√			
	产品材料工艺	150								√				
	人因工程设计	120										√		
工学一体化课程	时尚产品设计	150	√											
	餐具设计	200		√										
	文具设计	150			√									
	玩具设计	200				√								
	家具设计	200				√								
	体育用品设计	200					√							
	钟表设计	150					√							
	美妆产品设计	200							√					
	小家电设计	200								√				
	户外电子产品设计	200									√			
	通信产品设计	200										√		
	健康护理产品设计	200										√		
	文创产品设计	180											√	
	产品识别设计	180											√	
	工业设计技术指导与培训	180											√	

续表

课程类别	课程名称	参考学时	学期											
			第1学期	第2学期	第3学期	第4学期	第5学期	第6学期	第7学期	第8学期	第9学期	第10学期	第11学期	第12学期
选修课	经典产品设计赏析	36			√									
	产品动画设计	36							√					
	Unity 交互设计	36								√				
	产品商业模式策划	36									√			
机动		584												
岗位实习								√						√
总学时		6 000												